事例でわかる統計シリーズ

理工系のための統計入門

景山三平　[監修]

鎌倉稔成・神保雅一・竹田裕一　[編修]

実教出版

はじめに

事例でわかる統計シリーズについて

■

この世には，結果が決まりきっている確定的現象より，二通り以上の結果が想定される不確定的現象の方が，はるかに多い。この不確定的現象に関与するのがデータに基づく統計的な分析である。

統計という言葉の“統”は，「すべて」という意味を持っていて，“計”のほうは，「はかる」と読むことができる。可能なかぎり多くの情報を集め，判断を推しはかる，これが統計に対する広い意味でのとらえ方である。

情報とは，データの形をした数値だけに限るものではなく，どう行動したら良いかの指針を与えてくれるものであり，統計的な考え方は，数学的思考などとは比較にならないほど，広範囲に適用し得る考え方である。データというものは，本来の情報以外に，諸々の誤差をともなうのが常である。この誤差の存在をまず認め，誤差の部分をうまく除去して適切に判断することが統計の神髄である。

ビッグデータ時代とも言われる昨今，あちこちに散見される怪しげなデータに振り回されている人が実に多い。既存データを利用するときは，データの出所をよく調べて，誰が，誰のために，いつ，どんな目的で集めたデータであるか，不足データはないのかを確かめることが，統計にだまされないためにも大切である。

統計は数学のように演繹的思考が主ではない，人間としての常識の学であることを念頭に学び進んでほしい。

本統計シリーズは4つの分野（一般教養系，経済・経営系，医療系，理工系）での統計的展開に対応する予定である。

記述に当たっては，統計に関する理論を精緻に記述したり，難解な数式に偏ることなく，イラスト，例解を多用し，実践事例を通して理解できるように，各章ごとにキーワード及び課題を明確にした。それは，いろいろな現象の分析において統計的に適切に判断できる素養を身につけることと，統計的手法の考え方を理解し，それらの手法が使えるようになることを目指したからである。

本書を読み終えた頃には，知らず識らずのうちに統計的なものの見方・考え方が会得され，今後，様々な場面において，有効な統計的手法の適用が実践できるようになっていることを期待している。

2016年9月

景山三平

事例でわかる統計シリーズ ―理工系― の執筆に当たって

本書は，理工系の基礎となる統計学の基礎を様々な事例を通じて学習することを目的としています。本シリーズは，各章の最初にその章の学習において目標とする内容を課題として示し，その章の終わりに課題解決を示すようにしており，読者に理解の確認ポイントを提示し，理解度を確認できるようにしています。

本書は大学での一学期15回の講義に合わせて，15章で構成されています。統計計算はすべて統計解析ソフトRを使用して行われ，必要なコードは提示していますので，例題どおりの分析をRによって再現することが可能になっています。最初の5章はデータとは何か，また，データ分析に必要な確率的方法について紹介しています。6章以降では，推定，検定，相関と回帰，分散分析，最尤推定量と理工系の統計解析で必須の内容を扱います。近年では，理工系の分野からも医薬系の統計解析に進む学生が増えてきました。12章では，信頼性工学や医薬統計とも関係する寿命分布の紹介をしています。

章末の演習問題の解答および必要な資料と情報をホームページに公開しますので，必要に応じて参照してください。

本書の企画をいただいてから，ずいぶん長い時間がかかってしまいました。監修していただきました景山先生には，本書の構想の段階だけでなく，執筆の細部にいたるまで，原稿に手を入れていただきました。また，実教出版の編集の皆さんには，原稿の遅れにもかかわらず，温かくご対応いただき，本当にお世話になりました。執筆者一同感謝申し上げます。

読者の皆様には，本書を通じて統計学の基礎を身につけられ，様々の分野で統計解析の実践を行い，社会に貢献されることを大いに期待しております。

2016年盛夏

著者一同

目次

CONTENTS

S t a t i s t i c s

第 1 章 データの記述と要約

第 2 章 確率とは何だろう? ～確率の概念と条件付き確率

第 3 章 期待される値はいくつ? ～期待値・平均と分散

第 4 章 コイン投げからできる確率分布

第 5 章 測定したデータが従う確率分布

第 6 章 点推定と区間推定

第7章

仮説検定は背理法？〜仮説検定の考え方

第8章

母平均を比較しよう〜正規母集団の場合

第9章

分散分析ってなに？

第10章

最も尤もらしい推定〜最尤法

第11章

相関と回帰

第12章

寿命分布推定

第13章 このサイコロは正しいの？～適合度検定

第14章 シミュレーション技法を知ろう

第15章 統計解析ソフトR

Statistics

第 1 章  Chapter 1

データの記述と要約

Key WORD　類別尺度，順序尺度，間隔尺度，比率尺度，情報の抽出とデータ解析，ヒストグラム

この章の目的　データの分析の基礎として，データの分類が的確にできるようにすること，また，頻度分布を作図できるようにする。

この章の課題　次のデータは財布に残る小銭のデータである。ヒストグラムや幹葉図を描くことによって，財布に残る小銭の分布の特徴をとらえる。小銭入れが膨らむことを避けるために，すぐ使う人，ある程度たまってから使う人さまざまであるが，集団として見るとどのような傾向があるか分析する。

表1　財布の小銭のデータ（単位：円）

1	2	16	183	31	412	46	653	61	833	76	1017
2	6	17	194	32	445	47	658	62	865	77	1024
3	20	18	198	33	446	48	673	63	866	78	1044
4	32	19	204	34	453	49	675	64	877	79	1052
5	53	20	221	35	475	50	692	65	901	80	1062
6	100	21	245	36	493	51	704	66	906	81	1180
7	102	22	262	37	523	52	729	67	907	82	1242
8	110	23	302	38	525	53	732	68	918	83	1386
9	123	24	310	39	530	54	749	69	919	84	1423
10	136	25	310	40	530	55	756	70	922	85	1435
11	140	26	344	41	564	56	756	71	930	86	2132
12	153	27	350	42	569	57	759	72	953	87	6200
13	155	28	362	43	619	58	763	73	955		
14	159	29	384	44	642	59	778	74	967		
15	167	30	384	45	649	60	807	75	972		

1.1 データの分類

統計学は，データから効率的に必要な情報を抽出する総合科学として捉えられる。

データの特徴をよく理解したうえで，その特徴を活かした分析方法を身につけることが必要である。そのためには，データの種類をよく知るためにも，データの特徴にそった分類を行うところから始めることにする。下図は，データから情報を抽出するための道具として統計的データ解析が必要であることを示したものである。

図1.1　データ解析の役割

類別尺度（名義尺度）データ (Nominal Scale Data)

名前のように，標識の意味しか持たないデータをいう。氏名，県名，動物名，植物名，出身地，色，性別，郵便番号，学籍番号等である。郵便番号は112-8551のように数字番号の組合せで表現されているので，名前のデータではないようにも見えるが，実際には標識の意味のみが重要な情報である。112と152を加えて264という数字ができてもそれには何の意味もない。マイナンバーもこれに分類される。

順序尺度データ (Ordinal Scale Data)

順序には意味があるが，その差には意味がないデータをいう。例えば，好き嫌いのデータで，大嫌い，嫌い，普通，好き，大好きのように分類されたとき，好き嫌いの順序は明らかに

$$大嫌い < 嫌い < 普通 < 好き < 大好き$$

であるが，大嫌いと普通の距離と普通と大好きとの距離が同じではない。ものごとに感動しない性質の人は普通と大好きの距離は短いし，厭世的な人では，大嫌いと普通の距離が小さいかもしれない。ここで，注意しなければならないのは，数字にひとたび置き換えてしまえば，例えば，大嫌い，嫌い，普通，好き，大好きを数字の -2，-1，0，1，2のように5段階で表してしまうと，四則演算をしよ

うと思えばできるということである。例えば，10人の被験者に対して，コーヒーの嗜好性の調査をしたところ，5人が大好きといって，もう5人は大嫌いだといった場合，5段階評価で表したスコアの合計をとると，ゼロになってしまう。10人の被験者にはコーヒーに対しての好き嫌いがあり，大好きなグループと大嫌いなグループがあるという情報が失われてしまうという危険性がある。

間隔尺度データ (Interval Scale Data)

差には意味があるが，比率には意味がないデータである。代表的なデータは温度で，摂氏 (℃) と華氏の関係をみると理解できる。摂氏と華氏の関係は次式で定義される。

$$°\mathrm{F}=\frac{9}{5}\,°\mathrm{C}+32$$

摂氏で10℃と20℃では比率をとると，20℃は10℃の2倍暖かいといえるかというと，華氏は比率が異なるのでそうだとはいえない。

$$2=\frac{20°\mathrm{C}}{10°\mathrm{C}}\neq\frac{\frac{9}{5}\times 20°\mathrm{C}+32}{\frac{9}{5}\times 10°\mathrm{C}+32}=\frac{68°\mathrm{F}}{50°\mathrm{F}}$$

これは，明確な原点が定義されていないことによるものである。

比率尺度データ (Ratio Scale Data)

長さ，重さのように明確な原点が定義されており，差にも比率にも意味があるデータである。例えば，重さをポンド (lb) とグラム (g) で比較すれば

$$\frac{225\,\mathrm{lb}}{100\,\mathrm{lb}}=\frac{225\times 453\,\mathrm{g}}{100\times 453\,\mathrm{g}}=2.25$$

のように，225ポンドは100ポンドの2.25倍であり，これはグラムで評価しても2.25倍である。

〈質的データと量的データ〉

上で定義した4つの分類のうち，類別尺度と順序尺度のデータを質的データあるいはカテゴリーデータという。質的データはデータ入力の際に，不要な演算を避けるために，文字列で入力することが望まれる。例えば，アンケート調査で東京都出身の男性のデータを“東京”と“男”としてデータを入力することである。地域コードや性別を例えば112や1 (男は1，女は0) とするような方法もあるが，

数字にしてしまうと間違った演算をしてしまう可能性が出てきてしまう。

量的データは間隔尺度データと比率尺度データを指していう。量的データは基本的な演算は可能であるので，観測値のデータを数値としてそのまま入力してよいが，間隔尺度データについては，比率をとるような演算は行わないように注意する必要がある。

〈計数データと計量データ〉

計数データは数え上げのデータであり，質的データの分析にも使われる。アンケート調査における男性の人数，女性の人数，県別出身者数，酸味の強いコーヒーの好きな人数等，基礎となるデータを集計してできた，2次データであることが多い。これに対してもともと，観測値として計数データしかないものもある。ある銀行の窓口に10時から11時に来たお客さんの数，ある番組を見ていた視聴者の数などもこれに対応する。もちろん，元データとして，もう少し，精密なデータをとることも可能である。例えば，窓口に来た顧客の到着時刻をタイムスタンプとして記録し，記録された時刻のデータ(これは時間データであり，比率尺度データ)からある時間内の人数をカウントすることもできる。どのようなデータが必要か，また，どこまで何をどのくらいコストをかけて行うかというデータ分析全体の設計に関わる問題である。

計量データは量的データと同義であるが，計数データに対立する用語であり，計量データは計測して得られた連続量のデータを示すことが一般的である。

〈文字データと数値データ〉

統計的分析を行うときには，最終的にはコンピュータにデータとして入力する必要がある。コンピュータ側から見ると，基本的には文字データか数値データである。近年急速にユーザ数を増やした統計解析ソフトR(第15章参照)は，文字データと数値データに分類され，離散に対応する整数変数と連続データに対応する実数変数に差はない。したがって，計数データも計量データも数値データということになる。

※データ入力について

統計解析で使用するデータは基本としてテキストでなければならない。入力は表形式ソフト(例えばExcel)で入力を行い，そのファイルをテキストセーブすることで統計分析パッケージソフトへ取り込むことが可能となる。

表形式のデータをテキスト形式で保存するには次の3種類の保存の仕方がある。

1)　csv (Comma Separated Value)：項目 (フィールド) の区切り記号がカンマ (,) となっていて，ファイルの拡張子もcsvがつけられる。

(注意) カンマをデータの中に入れたい場合はダブルクォーテーション (“) を用いる。

2)　タブフォーマット：項目 (フィールド) の区切り記号がタブとなっていて，ファイルの拡張子にtxtがつけられる。

3)　フリーフォーマット：項目 (フィールド) の区切り記号がスペースとなっていて，ファイルの拡張子にtxtがつけられる。

1.2　度数分布とヒストグラム

課題の解決

データを分析するときには，まずは度数を調べることである。好きなスポーツは何かという，類別尺度の調査のデータでは，どういうスポーツが好きかというアンケート調査を行い，そのアンケートデータから好きなスポーツの度数 (人数) を求める。例として次のように9人データがある場合，集計し頻度を求めるとサッカー3人，テニス2人，野球4人となり，さらに，集計結果を頻度の高い順に並べ替えると，野球，サッカー，テニスの順となる。

回答者	スポーツの名前
①	野球
②	テニス
③	サッカー
④	野球
⑤	野球
⑥	サッカー
⑦	テニス
⑧	野球
⑨	サッカー

また，これを，棒グラフの形で頻度分布を表すと図1.2のようになる。

連続分布のデータでの度数分布は通常はヒストグラムとよばれるものとなるが，棒グラフとして表すには，野球，サッカー，テニスのように名前に対応するものを定義しなければならない。この名前に相当するものが階級というカテゴリーで

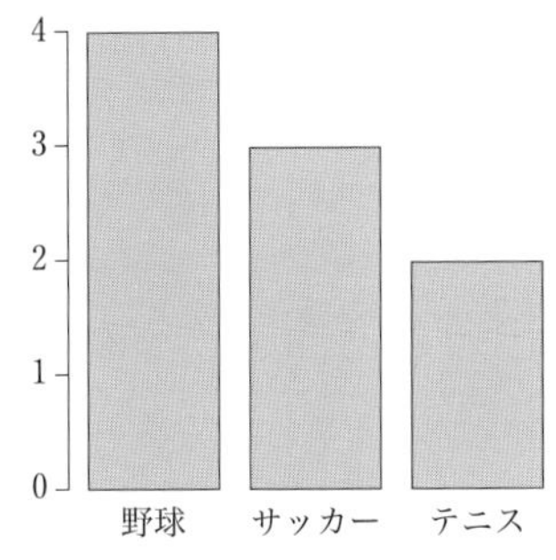

図1.2　棒グラフ

ある。例えば，身長の分布では，140 cm～150 cm，150 cm～160 cm，…，190 cm～200 cmのように身長の観測される範囲をいくつかの階級に分割する，これを，カテゴリー化するという。つまり，データを順序尺度のデータに変換するということである。その区間に入るデータの個数を数えて棒グラフにしたものがヒストグラムである。

図1.3は，財布の中に残っている小銭の所持金額について，85人の学生のデータをヒストグラムにしたものである。ただし，2000円以上の小銭を所持していた2人の学生のデータはこのヒストグラムからは除いている。

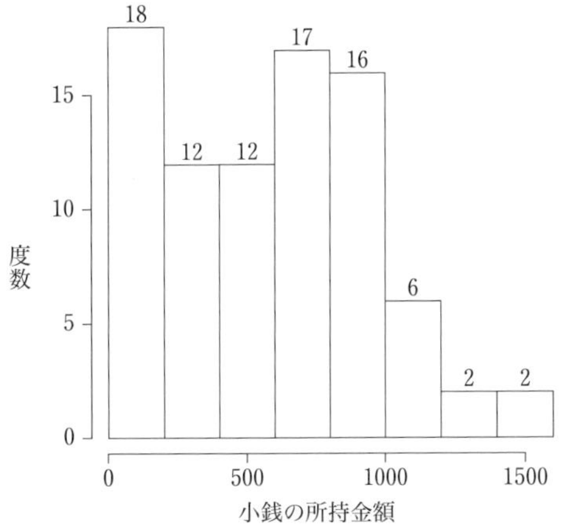

図1.3　ヒストグラム（柱状グラフ）

上記のグラフはRのデフォルト設定で出力されるものであり，度数を数える階級の幅を変更するにはオプション引数を指定する必要がある。例えば，100円刻みでヒストグラムを作ると図1.4のようになる。

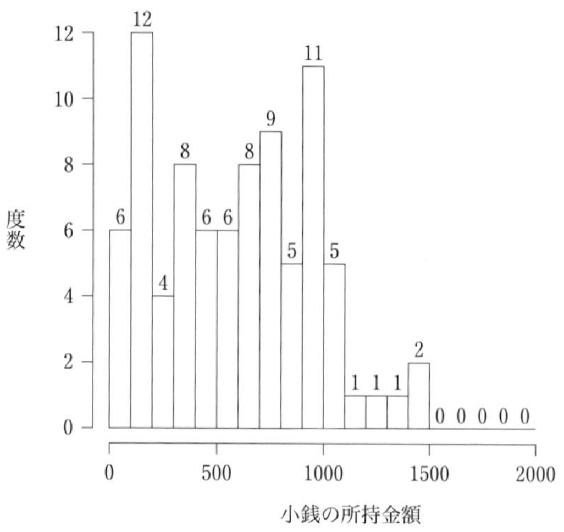

図1.4　階級の数とヒストグラム

1.3 データ記述のための各種グラフ

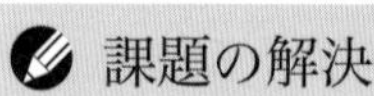

課題の解決

また，詳細に小銭の所持金額の分布を知りたいときには，幹葉図(stem-leaf plot)が便利である。このデータを幹葉図で表すと次のようになる。

```
> stem(kozeni[kozeni<2000],scale=2)

  The decimal point is 2 digit(s) to the right of the |

   0 | 01235
   1 | 001244566789
   2 | 00256
   3 | 01145688
   4 | 155589
   5 | 233367
```

```
 6 | 24556789
 7 | 033566668
 8 | 13778
 9 | 01122235677
10 | 22456
11 | 8
12 | 4
13 | 9
14 | 24
```

この図の左側には幹にあたる数字が縦に0から14まで並んでおり，100円に相当する(これが`2 digits`と説明されている)。右に，例えば，`01235`とあるのは，実際に所持している金額に照らし合わせるとわかりやすい。所持金額が2，6，20，32，53がそれに対応しており，10円の桁に四捨五入されており，`2->0*10`，`6->1*10`，`20->2*10`，`32->3*10`，`53->5*10`の10についている係数のみを表示している。通常のヒストグラムと同様に全体の分布では，100円代と900円代がやや多く1000円を超えると人数が減ること，あとはだいたいあまり差がないことがわかる。各ヒストグラムの内訳もわかるが，その明確な違いはあらわれていない。小銭をたくさん持っている人とそうでない人の10円単位の所持金に明確な差は見られない。

1.4 標本とは

これまで，データという言葉を多く使用し，データをとることによってそのデータから情報を抽出することを考えてきた。統計的データ解析では，標本という言葉とデータという言葉を同義語として用いるが，そこには，確率構造を積極的に用いるという意味が入ってくるという意味でやや高度な意味合いがある。図1.5は母集団と標本と統計的推論を模式化したものである。

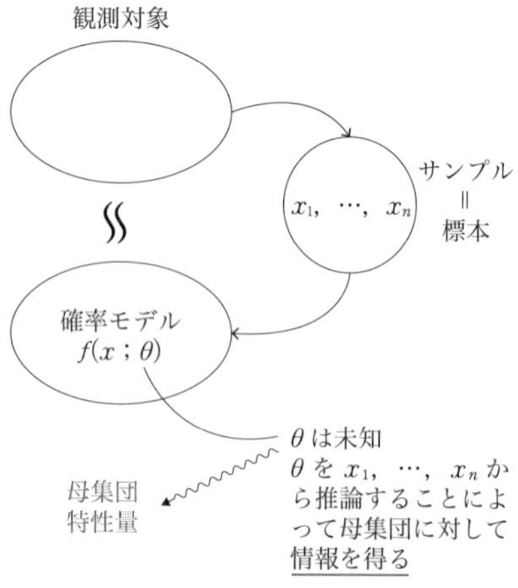

図1.5　標本とは

代表値

標本の中心的傾向を表す代表値として，平均，中央値(メディアン)，最頻値(モード)がある。母集団に基づくものを*母平均*，*母中央値*，*母最頻値*，標本に基づくものを標本平均，標本中央値，標本最頻値という。データを相手にしているときは，標本を暗に前提としており，母集団という確率構造を意識しないで，標本という言葉をとって，単に，平均，中央値，最頻値と使われることが多い。標本平均は民主主義の代表選手ともいえることを示そう。大きさnの標本をx_1，…，x_nとする(標本の構成要素の数を標本の大きさ，あるいは標本サイズという)。仮にaを代表にすることによって，i番目の人の不満の量を，代表aとの差の2乗で表すと，$(a-x_i)^2$となり，標本全体の集団として不満の量を最小にする代表値は標本平均(算術平均)となる。すなわち，

$$\sum_{i=1}^{n}(a-x_i)^2 \to \min$$

を与えるaは

$$a=\bar{x}=\frac{1}{n}\sum_{i=1}^{n}x_i$$

となる。

また，分布の中央付近を表す代表値として，中央値(メディアン)もある。データを小さい順に並べて，真ん中の値を中央値という。標本サイズnが偶数と奇数では計算式が異なるので注意する必要がある。データを

$$x_{(1)} \leqq x_{(2)} \leqq \cdots \leqq x_{(n)}$$

と並べ替え，中央値を次式で定義する。

$$中央値=\begin{cases} x_{\left(\frac{n+1}{2}\right)} & n：奇数 \\ \dfrac{x_{\left(\frac{n}{2}\right)}+x_{\left(\frac{n}{2}+1\right)}}{2} & n：偶数 \end{cases}$$

例として，データが1，5，3であるときのメディアンを求めよう。まず，データを昇順に並べ替え（これを順序統計量を作るという），$x_{(1)}=1$，$x_{(2)}=3$，$x_{(3)}=5$とする。$n=3$で奇数であるので

$$x_{\left(\frac{3+1}{2}\right)}=x_{(2)}=3$$

と中央値が求められる。同様にして，データが1，5，3，2の場合は

$$x_{(1)}=1,\ x_{(2)}=2,\ x_{(3)}=3,\ x_{(4)}=5$$

$n=4$で偶数

$$\frac{x_{\left(\frac{4}{2}\right)}+x_{\left(\frac{4}{2}+1\right)}}{2}=\frac{x_{(2)}+x_{(3)}}{2}=\frac{2+3}{2}=2.5$$

となる。

一方，最頻値は，分布の山が最も高くなる部分に対応するデータの値をいう量である。下図を参照されたい。実際にこの計算は，ヒストグラムの作り方（階級の数の取り方）にも大きく依存し，最頻値を精度高く決めることは難しい。

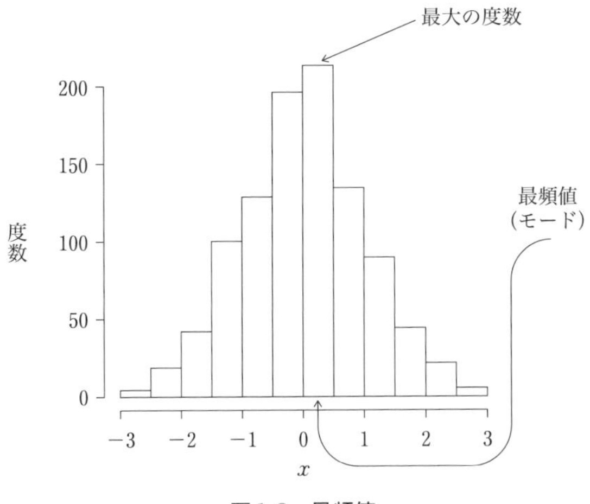

図1.6　最頻値

分位点と5数要約

分布全体を要約するには1つの表現の統計量では十分ではなく，データを記述するのに，5つの分位点を使うこともある。5つの分位点とは，最小値，25パーセ

ント点，50パーセント点 (中央値)，75パーセント点，最大値である。最小値と最大値は意味的には分位点ではないが，データ全体の下から0パーセント点，100パーセント点に対応するので，分位点という言い方も可能である。ここで分位点 (パーセント点) とは，データを昇順に並べ替え，順序統計量を作ったとき，例えば，100αパーセントで説明すれば，データを100個に分けたとき，100α番目の分かれ目のことである。データを0，1，2，3，4，5，6，7，8，9，10とすると，50パーセント点は100個に分けたうちの50番目，つまり，10個に分けた5番目，25パーセント点，75パーセント点はその中央値を取り除いた残りの下側と上側の部分について，中央値がそれぞれに対応する。つまり3番目と9番目となるので，つまり，2と8となる。図1.7を参照するとよい。

図1.7は下位階層の点はデータを，中位階層は最小値，中央値，最大値を，上位階層はデータの左半分の中央値である25パーセント点と右半分の中央値である75パーセント点を示している。

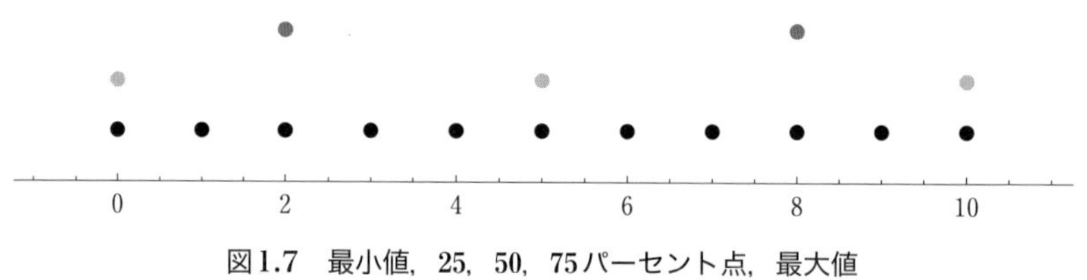

図1.7　最小値，25，50，75パーセント点，最大値

のようになる。これをグラフ化したものが箱ひげ図である。上のデータを箱ひげ図で表すと，

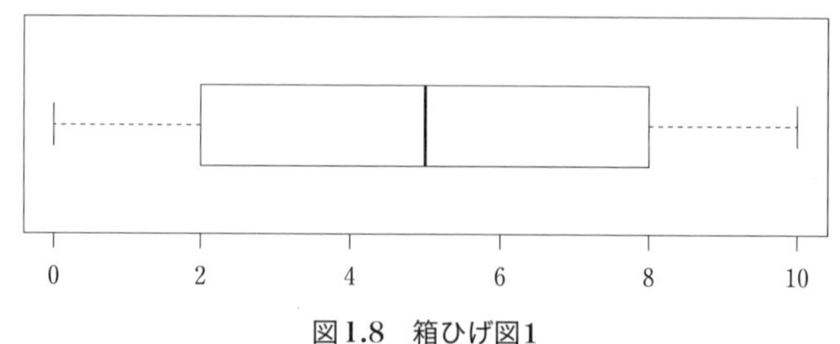

図1.8　箱ひげ図1

となる。箱にはデータの中央部の50％が入る。25パーセント点 (第1四分位数) から75パーセント点 (第3四分位数) までを箱とし，中央部の太線は中央値 (第2四分位数) である。このひげの外に位置するデータを星印や丸印で表し，外れ値とすることがある。

次に，別のデータで見ることにする。

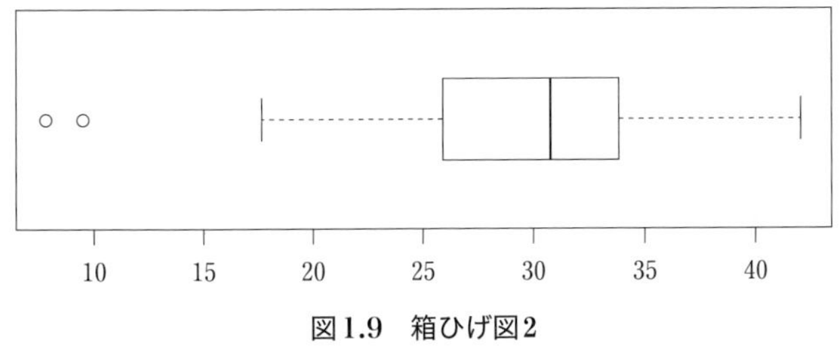

図1.9　箱ひげ図2

データはHand et al. (1994) によるもので，18人の体脂肪率（%）のデータである。図1.9では体脂肪率の少ない2人がひげの外側にいて，外れ値の候補と見なすことができる。男女別に箱ひげ図で比較すると，図1.10のようになり，女性と男性では，女性が体脂肪率が高いことがわかる。このように横軸にカテゴリー変数をとり，縦軸に箱ひげ図をプロットすることも，分布の比較に有用である。

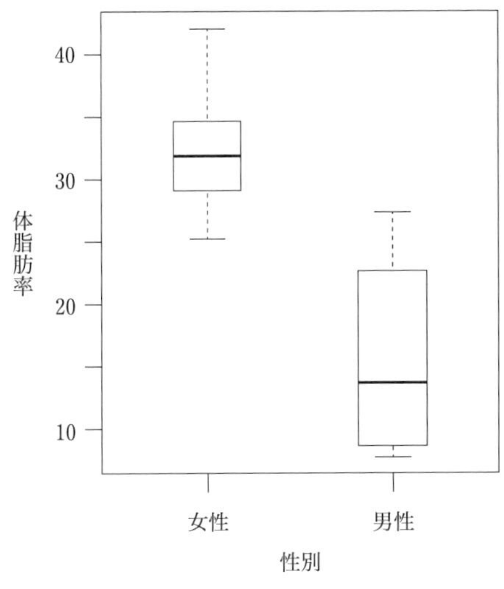

図1.10　箱ひげ図3

Rの5数要約では，

```
> myfivenum(0:10)
> fivenum(0:10)
[1]  0.0  2.5  5.0  7.5 10.0
```

（注） Rの分位の点の計算は微妙に異なり，25パーセント点が2.5，75パーセント点が7.5となる。myfivenumは説明に合わせた形で自作関数として与えている。実際にはnが大きくなると，その違いはほとんどなく，極限では一致する。myfivenumと箱ひげ図を下に示す。

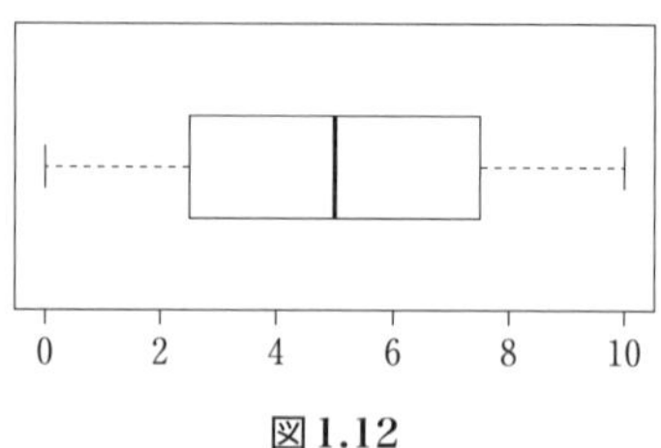

図1.12

```
>bx=boxplot(0:10,horizontal=T,plot=F)
>bx$stats[,1]=quantile(0:10,type=2)
>bxp(bx,horizontal=T)
myfivenum<-
function(x){
u=c(min(x),quantile(x,0.25,type=2),median(x),quantile(x,0.75,
type=2),max(x))
as.numeric(u)
}
```

理解の確認ポイント　Point

- □ 統計的データ解析の役割
- □ データの4つの分類
- □ 質的データと量的データの違い
- □ 計数データと計量データの違い
- □ 文字データと数値データの違い
- □ データファイルフォーマット
- □ 棒グラフとヒストグラムの意味と違い
- □ 幹葉図の作成のしかた
- □ 標本とは
- □ 中央値
- □ 分位点
- □ 5数要約の意味
- □ 箱ひげ図の作成方法

コラム　箱ひげ図のひげは猫のひげ？

箱ひげ図の描かれるひげはどんなひげか，この問は，ひげを漢字にすると明快である。オリジナルの箱ひげ図は探索的データ解析（Exploratory data analysis）の本（Tukey，1977）によって提唱された。当時は数理統計学が全盛期であり，どんな数学的な内容が書かれているのかと買った本，確率的な記述がほとんどなく，データを探索的に眺めるための図表が大半であった。著者はbox-and-whisker plotと名づけ，最も単純な図は，箱から最小値，最大値を結ぶひげ（whisker）として表現されていた。whiskerの日本語訳はひげであるが，読者の中にはひげに対応する漢字が3種類あることに気づいていない人も多かろう。英語との対応関係をつけると，whiskerは髯，moustacheは髭，beardは鬚に対応する。箱ひげ図は横に描き，ひげは実線で最小値と最大値まで結ぶと本来の意味での箱ひげ図ができあがる。猫のりっぱに伸びたセンサーの役割を持つひげとまではいかないが。箱ひげ図のひげは猫のひげである。

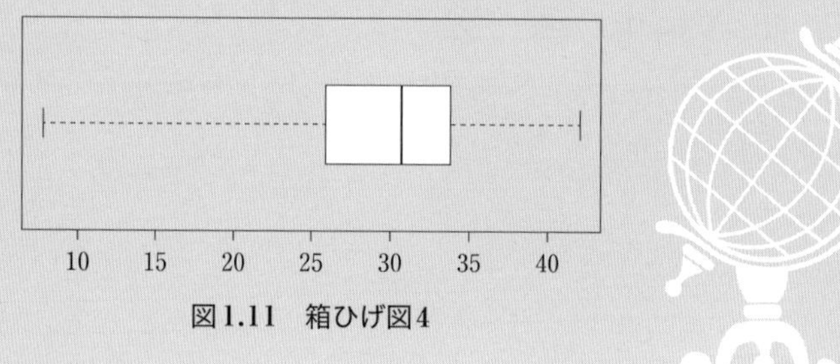

図1.11　箱ひげ図4

1.5　演習問題

(1)　5数要約の5数とは何か説明せよ。

(2)　体脂肪率のデータで，40歳未満と40歳以上にカテゴリーを分けて箱ひげ図を作成せよ。

〈ヒント〉 `fatness2=transform(fatness,higher.age=ifelse(age>=50,1,0))` として，データフレームの中に，変数higher.ageを定義し，factor宣言をして，箱ひげ図を作ればよい。

(3)　小銭のデータをすべて使ってヒストグラムを作成せよ。

(4)　小銭のデータをすべて使って箱ひげ図を作成せよ。

【参考文献】

- Hand, D.J., Daly, F., Lunn, A.D., McConway, K.J. and Ostrowski, E. (1994). *A Handbook of Small Data Sets*, Chapman & Hall.
- Tukey, J.W. (1977). *Exploratory Data Analysis*, Addison-Wesley Publishing Company.

1
章

第2章  Chapter 2

確率とは何だろう?～確率の概念と条件付き確率

Key WORD

試行，確率，根元事象，事象，全事象，条件付き確率，ベイズの定理

この章の目的

確率の概念がどのように考えられてきたかを理解し，サイコロを1回振る場合の確率のように簡単な確率計算ができるようになる。さらに条件付き確率の概念を理解し，条件付き確率を用いたベイズの定理を学び，例題を解決できるようになる。

この章の課題

サイコロを1回振って1の目が出る確率，降水確率，くじの当選確率，ゲームに勝つ確率など，いろいろな場面で確率という言葉が使用されているが，実際にはどのような意味であるのかを考えてみよう。

2.1 確率とは

サイコロを1回振る実験を考える。サイコロを振る前にはどの目が出現するかはランダムであるため誰にもわからないが，実際にサイコロを1回振れば「1の目が出る」,「2の目が出る」,「3の目が出る」,「4の目が出る」,「5の目が出る」,「6の目が出る」のいずれかが出現する。このような実験や観察のことを**試行**とよび，試行によって起こりうるすべての結果の集合を**標本空間**，標本空間の要素を**標本点**とよぶ。また，標本空間の部分集合を**事象**とよぶ。サイコロを振る場合，考えられる標本点は「1の目が出る」,「2の目が出る」,「3の目が出る」,「4の目が出る」,「5の目が出る」,「6の目が出る」であり，事象は標本点といくつかの標本点を組み合わせた「偶数の目が出る」や「2以上の目が出る」などである。特に標本空間全体を**全事象**とよび,「何も起きることがない」ことを**空事象**とよび，$\emptyset$ で表す。さらに，これ以上細かい事象に分解できない事象のことを**根元事象**とよぶ。サイコロを振る場合，根元事象は「1の目が出る」,「2の目が出る」,「3の目が出る」,「4

の目が出る」，「5の目が出る」，「6の目が出る」の6通りで，全事象は「1，2，3，4，5，6のいずれかの目が出る」になる。

1つの確率の考え方として**統計的確率**がある。これは試行を何回も行ったときに，どの程度の割合で事象が起こるかを表したものである。例えば，サイコロをn回振ったときに「1の目が出る」が何回出たのかとその割合を表にすると次のようになる。

投げた回数(n)	10	50	100	500	1000	5000
1の目が出た回数	1	4	19	72	147	811
1の目が出た割合	0.1000	0.0800	0.1900	0.1420	0.1470	0.1622

さらに割合をグラフにしたものは次のようになっており，段々と特定の値(1/6＝0.1667)に近づいているように見える。

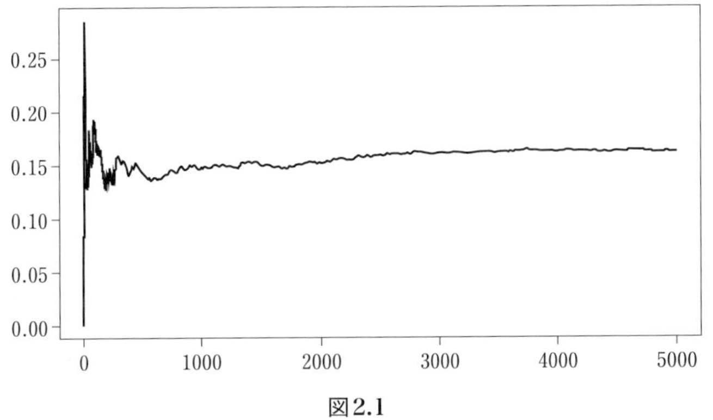

図2.1

ただし，このような考え方で確率の値を求めることは，試行回数によって割合の値が変化してしまうため確率の値を1つに決めることができないので，現実的ではない。

別の確率の考え方として**数学的確率**がある。これはサイコロを1回振る試行のように，根元事象の数が有限で，いずれの根元事象も同じ割合で出現すると考えられる場合，事象Aが起こる確率$P(A)$は

$$P(A)=\frac{\text{事象}A\text{に含まれる根元事象の数}}{\text{根元事象の数}}$$

で与えられる。実際にサイコロを振って「偶数の目が出る」確率を求めるのであれば，根元事象の数は6，「偶数の目が出る」に含まれる根元事象の数は3であるから

$$P(\text{偶数の目が出る})=\frac{3}{6}=\frac{1}{2}$$

と求めることができる。

同様にサイコロを2個同時に振る場合に「出た目の和が5以下」になる確率を求めよう。サイコロを2個同時に振る場合の根元事象は，(1個目のサイコロの目：2個目のサイコロの目)としたとき

(1：1) (1：2) (1：3) (1：4) (1：5) (1：6)
(2：1) (2：2) (2：3) (2：4) (2：5) (2：6)
(3：1) (3：2) (3：3) (3：4) (3：5) (3：6)
(4：1) (4：2) (4：3) (4：4) (4：5) (4：6)
(5：1) (5：2) (5：3) (5：4) (5：5) (5：6)
(6：1) (6：2) (6：3) (6：4) (6：5) (6：6)

のように36通りある。よって，「出た目の和が5以下」になる確率を求めるときに，条件を満たす根元事象を挙げると

(1：1) (1：2) (1：3) (1：4) (2：1)
(2：2) (2：3) (3：1) (3：2) (4：1)

の10通りであることから

$$P(\text{出た目の和が5以下})=\frac{10}{36}=\frac{5}{18}$$

と求めることができる。

一般に根元事象がω_1，ω_2，…，ω_NのN個あるとき，ω_kの起こる確率をp_kとすると，事象E(注)の起こる確率は

$$P(E)=\sum_{\omega_k \in E} p_k$$

のように事象Eに含まれる根元事象の確率の和で与えられる。

練習問題2.1

6枚のカードにはそれぞれA，A，A，B，B，Cと書いてある(つまりAが3枚，Bが2枚，Cが1枚)。一度引いたカードは戻さないとしたとき，次の問いに答えよ。

(1) 1枚引いて「B」を引く確率

(2) 2枚引いたとき，少なくとも1枚は「A」である確率

(3) 2枚目に「B」を引く確率

(注) Eは根元事象のいくつかを要素とする集合。

2.2 確率の定義と基本定理

数学的確率の考え方は根元事象が有限個で，いずれの根元事象も同じ割合で出現する場合にしか使えない。一般の確率はコルモゴロフの公理論的定義にまとめることができる。

2章

定義2.2.1 Ωを標本空間，その事象の全体を$\mathcal{F}$とする。任意の事象$A\in\mathcal{F}$に対して次の条件を満たす実数$P(A)$が定まるとき，$P(A)$を事象Aの確率という (厳密な定義については測度論の知識が必要になるためここでは省略する)。

(1) $0\leqq P(A)$

(2) $P(\Omega)=1$

(3) $A_1, A_2, \cdots, A_i, \cdots$ が**互いに排反** ($i\neq j$のとき$A_i\cap A_j=\varnothing$) であるとき

$$P(A_1\cup A_2\cup\cdots\cup A_i\cup\cdots)=P(A_1)+P(A_2)+\cdots+P(A_i)+\cdots$$

例えば，コイン投げに対して定義を適用すると

標本空間Ω：{表が出る，裏が出る}

事象全体：「Ω」，「表が出る」，「裏が出る」，「∅」

であるから，確率を

$$P(\Omega)=1,\ P(\text{表が出る})=p,\ P(\text{裏が出る})=1-p,\ P(\varnothing)=0$$

とすれば，$0\leqq p\leqq 1$のときすべての条件を満たしている。

この確率の定義から，確率の計算に役立つ基本定理が得られる。

定理2.2.1 A，B，$A_1, \cdots, A_n$を事象としたとき次が成立する。

(1) $P(\varnothing)=0$

(2) $A\subset B$のとき$P(A)\leqq P(B)$

(3) $P(A\cup B)=P(A)+P(B)-P(A\cap B)$

(4) $A_1, A_2, \cdots, A_n$が互いに排反であるとき

$$P\left(\bigcup_{i=1}^{n}A_i\right)=\sum_{i=1}^{n}P(A_i)$$

(5) A^cをAの余事象 (Aが起こらない事象) としたとき

$$P(A^c)=1-P(A)$$

［(1)の証明］ $A \cup \emptyset = A$ より $P(A)+P(\emptyset)=P(A)$ なので $P(\emptyset)=0$ である。
［(5)の証明］ $A \cup A^c=\Omega$ より $P(A)+P(A^c)=1$ なので $P(A^c)=1-P(A)$ である。

練習問題2.2

定理2.2.1の(2)，(3)，(4)を示せ。

また，$A_1, A_2, \cdots, A_n$ が互いに排反でない場合は，次の不等式が成立する。

定理2.2.2

$$P\left(\bigcup_{i=1}^{n} A_i\right) \leqq \sum_{i=1}^{n} P(A_i)$$

練習問題2.3

定理2.2.2を数学的帰納法を用いて示せ。

2.3 条件付き確率

ここでは2つの事象 A と B に関する確率について述べる。2つの事象 A と B が**独立**であるとは，A と B が同時に起こる確率が，それぞれが起こる確率の積で表されることをいう。つまり

$$P(A \cap B)=P(A) \cdot P(B)$$

が成り立つとき，事象 A と B は独立であるとよぶ。

次に，事象 A が起こったという条件のもとで事象 B が起こる確率を $P(B|A)$ で表し，

$$P(B|A)=\frac{P(A \cap B)}{P(A)}$$

で求めることができる。これは，事象 A が起こっているので，A を新しい標本空間として新たに確率を定義すればよい。もし2つの事象 A と B が独立であれば，条件付き確率 $P(B|A)$ は

$$P(B|A)=\frac{P(A \cap B)}{P(A)}=P(B)$$

となり，事象 A と関係ないことがわかる。

例題 2.1 サイコロを2個同時に振ったとき，出た目の積が偶数になる条件のもとで，出た目の和も偶数になる確率を求めよ。

解説 この例題は

A：出た目の積が偶数になる

B：出た目の和が偶数になる

であるから，出た目の積が偶数になる組合せは

(1：2) (1：4) (1：6) (2：1) (2：2) (2：3) (2：4) (2：5) (2：6)
(3：2) (3：4) (3：6) (4：1) (4：2) (4：3) (4：4) (4：5) (4：6)
(5：2) (5：4) (5：6) (6：1) (6：2) (6：3) (6：4) (6：5) (6：6)

の27通りあるので，$P(A)=\frac{27}{36}=\frac{3}{4}$である。さらに$A\cap B$は出た目の積が偶数かつ和が偶数なので，その組合せは

(2：2) (2：4) (2：6) (4：2) (4：4) (4：6) (6：2) (6：4) (6：6)

の9通りあるから$P(A\cap B)=\frac{9}{36}$である。よってサイコロを2個同時に振ったとき，出た目の積が偶数になる条件のもとで出た目の和も偶数になる条件付き確率は

$$P(B|A)=\frac{\frac{9}{36}}{\frac{27}{36}}=\frac{9}{27}=\frac{1}{3}$$

のように$\frac{1}{3}$である。

また，条件付き確率のもうひとつの考え方として，事象Aを新しい標本空間と考えるとその数は27通りあり，その標本空間に含まれる根元事象が起こる確率は等しいと考えられる。その27通りある根元事象の中から事象Bとなる根元事象の数は9通りであるから

$$P(B|A)=\frac{9}{27}=\frac{1}{3}$$

と考えることができる。

練習問題2.4

1等が3枚，2等が4枚，3等が6枚入っているくじ引きを行う。13枚あるくじを引く確率は等しいとしたとき，次の確率を求めよ。ただし，2枚のくじを引くとき，一度引いたくじを戻すことはないものとする。

(1) 2枚のくじを引いて，同じ等が出る確率

(2) 2枚のくじを引いて，少なくとも1枚が2等である確率

(3) 2枚のくじを引いて，どちらか1枚が3等である条件のもとで，残りの1枚が1等である確率

2.4 ベイズの定理

条件付き確率の結果から次の定理が簡単に得られる。

定理2.4.1（ベイズの定理）

$$P(B|A)=\frac{P(A|B)P(B)}{P(A)}$$

この定理は次のような不良品の検査における確率の計算に応用できる。

例題 2.2 ある商品の1次検査では，本当に不良品である商品の95％が不良品と判定され，良品である商品の5％が不良品と判定されてしまう。実際にある不良品の割合が全体の1％であったとき，この1次検査で不良品と判定された商品が，実際には良品である確率を求めよ。

解説 事象として

A_1：製品は良品である　　A_2：製品は不良品である

B_1：製品を良品と判定　　B_2：製品を不良品と判定

とすると$P(A_1)=0.99$，$P(A_2)=0.01$であり，不良品であると判定された場合の条件付き確率は

$$P(B_2|A_1)=0.05 \quad P(B_2|A_2)=0.95$$

である。よって不良品と判定された条件付きで良品である確率をベイズの定理で計算すると

$$P(A_1|B_2)=\frac{P(B_2|A_1)P(A_1)}{P(B_2)}=\frac{P(B_2|A_1)P(A_1)}{P(A_1)P(B_2|A_1)+P(A_2)P(B_2|A_2)}$$

$$=\frac{0.05\times0.99}{0.99\times0.05+0.01\times0.95}=0.838983\cdots$$

であるから，不良品と判定されても約84％は良品であることになる。

また，有名なベイズの定理の問題として「モンティ・ホール問題」がある。これは実際に米国のクイズ番組で行われていた商品を当てるゲームであった。演習問題としたので，実際に計算をしてみて欲しい。

練習問題2.5

ある商品の1次検査では，本当に不良品である商品の99％が不良品と判定され，良品である商品の3％が不良品と判定されてしまう。実際に不良品の割合が全体の1％であったとき，1次検査で不良品と判定された商品が，実際にも不良品である確率を求めよ。

2章

課題の解決

降水確率の定義は，気象庁のWebページを見ると

(a) 予報区内で一定の時間内に降水量にして1mm以上の雨または雪の降る確率(％)の平均値で，0，10，20，…，100％で表現する(この間は四捨五入する)。

(b) 降水確率30％とは，30％という予報が100回発表されたとき，そのうちのおよそ30回は1mm以上の降水があるという意味であり，降水量を予報するものではない。

とある。降水確率は過去似たような気象状況となったときにどれくらいの割合で実際に雨が降ったかを表したものであるから，統計的確率の考え方をそのまま利用している例である。

理解の確認ポイント　Point

- □ 確率の概念
- □ 基本的な確率計算
- □ 条件付き確率の求め方
- □ ベイズの定理の使い方

コラム 天気予報と統計学

この章では降水確率を例に挙げているが，天気予報に統計学は欠かせないものになっている。基本的に過去のデータからこの後の天気などを予想するため，気象庁では大量のデータを有しており，気象庁のWebページを見れば過去のデータを誰でも取り出すことが可能である。一般的にデータが多くなれば予報の精度は良くなるはずであるが，実際に31年間の予報精度もWebページにまとめられており，少しずつ良くなっていることが見て取れる。これはデータが増えた以外に測定技術が発達して細かなデータが得られるようになったことや，コンピュータの発達によるものも大きい。わかりやすい例として，平成28年6月15日の報道発表において台風進路予想が改善されて予報円が小さくなったことを伝えている。

2.5 演習問題

［1］ AさんとBさんの2人でカードを使った「じゃんけん」を行う。2人の持つカードは

Aさん：グー2枚，チョキ2枚，パー3枚　の計7枚
Bさん：グー3枚，チョキ2枚，パー1枚　の計6枚

であり，カードは同じ確率（Aさん：$\frac{1}{7}$，Bさん：$\frac{1}{6}$）で選ばれるとしたとき，次の問いに答えよ。

(1) Aさんが負ける確率
(2) 引き分けになる確率
(3) 少なくとも一方が「チョキ」を出したという条件のもとで，Aさんが勝つ確率

［2］ 3つのBOXの1つに当たりが入っていて，挑戦者が最初に1つのBOXを選ぶ。その後，司会者が選ばなかった残り2つのうちはずれであったBOXを1つ開け，最初に選んだBOXと残ったBOXのどちらのBOXを選ぶか再度聞いてくる。挑戦者はBOXを「変える」・「変えない」のどちらが有利になるか，ベイズの定理を用いて求めよ。

【参考文献】

● 岡本雅典，鈴木義一郎，杉山高一，兵頭昌（2012）．新版 基本統計学，実教出版．
● 杉山高一，藤越康祝編著（2009）．統計データ解析入門，みみずく舎．

期待される値はいくつ？〜期待値・平均と分散

Key WORD

確率変数，離散型，連続型，期待値，平均，分散

この章の目的

確率変数の概念を理解し，確率変数の期待値（平均）の計算ができるようになる。さらに確率変数を含む関数の期待値について学び，特別な例として，分散，積率などがあることについて学び，簡単な場合の計算ができるようになる。

この章の課題

サイコロを1回振って「出た目の値×100円」がもらえるとしたら，いったいどれくらいの金額がもらえると期待できるであろうか？

3.1 確率変数と確率分布

前章の初めにも書いたが，サイコロを1回振る試行は実際に振ってみるまで値は未知であるから変数と考えることができる。さらに観測される値の確率が確定しているので，特に**確率変数**とよぶ。確率変数は，通常，大文字のアルファベットを用いて表される。一般に確率・統計では大文字で書かれた変数は確率変数で，試行が行われる前なので値が決まっていない未知の値，小文字で書かれた変数は試行が行われた後の，既に確定した既知の値を表している。確率を表す式で$P(X=x)$とある場合，未知である確率変数Xが既に決まった既知の値xになる確率である。大文字と小文字を区別して使い分けをしているので，注意が必要である。

次に，確率変数は大きく2つに分けることができ，1つは「サイコロを1回振ったときの出た目」や「コイン投げをして表が出る回数」のように確率変数の値が飛び飛びになっている**離散型確率変数**と，もう1つは「身長（長さ）」や「体重（重さ)」などのように確率変数の値が連続的な値(実数)になっている**連続型確率変数**がある。別の言い方をすると，確率変数として出現する根元事象の数を1，2，3，4，…，n(有限個) もしくは1，2，3，4，…，n，…(可算無限個)のように数えることができるのが離散型確率変数，そうではない確率変数が連続型確率変数である。もちろん両方の性質を持つ確率変数を考えることも可能であるが，ここでは考えないものとする。

確率変数Xの値に確率を対応させる関数を考えることができる。**確率分布**はXと確率の対応を表したものである。離散型確率変数の場合，単純にXの値に対して確率を対応させることができる。例えば，サイコロを同時に2個振ったとき出た目の値の和をXとしたとき，確率分布は

出た目の和	2	3	4	5	6	7	8	9	10	11	12
確率	$\frac{1}{36}$	$\frac{2}{36}$	$\frac{3}{36}$	$\frac{4}{36}$	$\frac{5}{36}$	$\frac{6}{36}$	$\frac{5}{36}$	$\frac{4}{36}$	$\frac{3}{36}$	$\frac{2}{36}$	$\frac{1}{36}$

のように表すことができる。しかし，連続型確率変数の場合はXがある値になる確率ではなく，ある区間に入る確率を求めることになる。例えば，日本人の成人男性の身長をXとしたとき，170 cmの人を探せば何人か見つかるので，$X=170$になる確率が0より大きくなるように思われるかもしれないが，厳密な意味で170 cmである人はいない。これは1点の意味で170というのは170.000000…のように無限に0が続くことを指すため，該当する人がいなくなり確率が0になってしまう。すなわち$P(X=170)=0$である。このように測定によって得られる結果は測定できる精度があるので，「私の身長は170 cmです」といっても実際には[169.5，170.5)のようにある区間に入ることを指しており，その区間を代表する値として170を使っているにすぎない。そのためある値になる確率ではなく，区間に入る確率，例えば「170 cm以上180 cm未満である」や「165 cm以下である」の確率に対応する値を表せばよい。しかし，任意の区間に対応する確率の値を求める式を簡単な式で表すことは困難なので確率分布を表す方法として次のようなものがある。

定義3.1.1　確率変数Xに対してある値x以下になる確率

$$F(x)=P(X\leqq x)$$

をXの**分布関数**とよぶ。

分布関数は，離散型確率変数，連続型確率変数の両方で定義可能である。

定義3.1.2 連続型確率変数Xに対して分布関数$F(x)$が微分可能であるとき，その導関数

$$f(x)=\frac{d}{dx}F(x)$$

を**確率密度関数**とよぶ。

微分積分学の基本定理より，確率密度関数から次のように分布関数を求めることが可能である。

$$F(x)=\int_{-\infty}^{x}f(t)\,dt$$

また，連続型の確率についても確率密度関数を使って

$$P(a<X\leqq b)=F(b)-F(a)=\int_{a}^{b}f(x)\,dx$$

のように積分で求めることができる。連続型確率変数の場合，確率密度関数を用いて分布を表すことが多い。

3
章

3.2 期待値（平均）と分散

課題の解決

確率変数Xが1つ取り出されたとき，Xの取り得る値として期待される値を$E[X]$と表しXの**期待値**とよぶ。Xが離散型確率変数で有限個のx_1，x_2，…，x_nの値をとる場合

$$E[X]=\sum_{i=1}^{n}x_i\times P(X=x_i)$$

で期待値を求めることができる。例えばサイコロを1回振った場合

$$E[X]=1\times\frac{1}{6}+2\times\frac{1}{6}+\cdots+6\times\frac{1}{6}=\frac{21}{6}=\frac{7}{2}$$

のように求める。つまりサイコロを1回振った場合，期待される値は$\frac{7}{2}=3.5$である。課題の場合，(サイコロの出た目の値)×100円もらえるので，その期待値は

$$E[X]=100\times\frac{1}{6}+200\times\frac{1}{6}+\cdots+600\times\frac{1}{6}=\frac{2100}{6}=350$$

であるから，350円ぐらいもらえることが期待できる。

Xの期待値は**平均**ともよばれμと表記されることが多い。

また，Xが離散型確率変数で無限個のx_1，x_2，…，x_n，…の値をとる場合の期待値は

$$E[X]=\sum_{i=1}^{\infty}x_i\times P(X=x_i)$$

であり，連続型確率変数の場合は確率密度関数$f(x)$を用いて

$$E[X]=\int_{-\infty}^{\infty}xf(x)\,dx$$

で求められる。

例題 3.1 次のような確率分布を持つ離散型確率変数の平均を求めよ。

X	-3	0	4	13
確率	$\frac{1}{6}$	$\frac{1}{3}$	$\frac{7}{18}$	$\frac{1}{9}$

解説 定義どおりに平均を計算すると

$$\begin{aligned}\mu=E[X]&=(-3)\times\frac{1}{6}+0\times\frac{1}{3}+4\times\frac{7}{18}+13\times\frac{1}{9}\\&=\frac{(-3)\times3+0\times6+4\times7+13\times2}{18}\\&=\frac{-9+0+28+26}{18}=\frac{45}{18}=\frac{5}{2}\end{aligned}$$

よくある間違いとして，-3，0，4，13の4種類の値が出現するので

$$\frac{1}{4}(-3+0+4+13)=\frac{14}{4}=\frac{7}{2}$$

のように計算してしまうことがあるので注意!!

練習問題3.1

次のような確率分布を持つ離散型確率変数の平均を求めよ。

X	-6	0	4	9
確率	$\frac{3}{5}$	$\frac{3}{20}$	$\frac{1}{20}$	$\frac{1}{5}$

確率変数を変数とする関数を$h(X)$としたとき，$h(X)$も確率変数となるので，

$h(X)$の期待値（平均）も同様に定義できる。離散型確率変数の場合は

$$E[h(X)]=\sum_{i=1}^{\infty}h(x_i)\times P(X=x_i)$$

連続型確率変数の場合

$$E[h(X)]=\int_{-\infty}^{\infty}h(x)f(x)\,dx$$

である。例えばサイコロを1回振って，出た目の2乗の平均を求める場合

$$E[X^2]=1^2\times\frac{1}{6}+2^2\times\frac{1}{6}+\cdots+6^2\times\frac{1}{6}=\frac{91}{6}$$

と求めることができる。特に，平均からの偏差の2乗の平均を**分散**とよぶ。分散を期待値の式で表すと

$$E[(X-\mu)^2]$$

である。分散はσ^2や$Var[X]$で表すこともある。この他に，$E[X^k]$を***k*次の積率**，$E[(X-\mu)^k]$を**平均値の周りの*k*次の積率**とよび，分布の形を表す指標（尖度や歪度など）として用いられる。さらに$E[e^{tX}]$を**積率母関数**とよぶ。積率母関数をk回微分して$t=0$を代入するとk次の積率が得られる。

3
章

例題 3.2 サイコロを1回振ったときの分散の値を求めよ。

解説 平均は$\frac{7}{2}$であるから，定義どおり計算すると次のようにできる。

$$E\left[\left(X-\frac{7}{2}\right)^2\right]=\left(1-\frac{7}{2}\right)^2\times\frac{1}{6}+\left(2-\frac{7}{2}\right)^2\times\frac{1}{6}+\cdots+\left(6-\frac{7}{2}\right)^2\times\frac{1}{6}=\frac{35}{12}$$

分散の計算は次の期待値に関する定理を用いると比較的容易に計算できる。

定理3.2.1 (1) X，Yを確率変数，a，bを定数とした場合，次の式が成立する。

$$E[aX+bY]=aE[X]+bE[Y]$$

(2) 確率変数X，Yが独立のとき次の式が成立する。

$$E[XY]=E[X]\cdot E[Y]$$

練習問題3.2

定理3.2.1を期待値の定義を用いて示せ。

定理を用いると分散を求める式は

$$E[(X-\mu)^2]=E[X^2-2\mu X+\mu^2]=E[X^2]-2\mu E[X]+\mu^2$$
$$=E[X^2]-2\mu^2+\mu^2=E[X^2]-\mu^2$$

と式変形できるので，2次の積率を使って求めることができる。例題に適用すると$E[X^2]=\dfrac{91}{6}$であるから

$$E\left[\left(X-\frac{7}{2}\right)^2\right]=E[X^2]-\left(\frac{7}{2}\right)^2=\frac{35}{12}$$

と求めることができる。

例題 3.3 連続型確率変数Xが確率密度関数$f(x)=\dfrac{1}{b-a}$ $(a\leqq x\leqq b)$に従うとき（一様分布，第5章5.1節を参照），平均と分散を求めよ。

解説 定義どおり平均を求めると

$$\mu=\int_a^b \frac{x}{b-a}dx=\frac{b^2-a^2}{2(b-a)}=\frac{a+b}{2}$$

のように区間$[a,\ b]$の真ん中になっている。確率密度関数がxの値に依存していない定数なので，$[a,\ b]$のどの値も同じ確率で出現する。そのため，真ん中の値が平均になっている。また，定義どおりに分散を求めると

$$E\left[\left(X-\frac{a+b}{2}\right)^2\right]=\int_a^b\left(x-\frac{a+b}{2}\right)^2\cdot\frac{1}{b-a}dx=\int_{\frac{a-b}{2}}^{\frac{b-a}{2}}\frac{t^2}{b-a}dt=\frac{(b-a)^2}{12}$$

である。分散を$E[X^2]-\mu^2$を用いて計算する場合

$$E[X^2]=\int_a^b x^2\cdot\frac{1}{b-a}dx=\frac{1}{3}\cdot\frac{b^3-a^3}{b-a}=\frac{b^2+ab+a^2}{3}$$

なので

$$\sigma^2=E[(X-\mu)^2]=E[X^2]-\mu^2=\frac{b^2+ab+a^2}{3}-\left(\frac{a+b}{2}\right)^2=\frac{(b-a)^2}{12}$$

練習問題3.3

連続型確率変数Xが確率密度関数$f(x)=2x$ $(0\leqq x\leqq 1)$に従うとき，平均と分散を求めよ。

理解の確認ポイント　Point

- □ 確率変数の概念
- □ 離散型確率変数と連続型確率変数の概念とその違い
- □ 平均や分散の計算

3
章

コラム　宝くじと期待値

宝くじを買って当たった金額を確率変数Xとすれば離散型確率変数であるから，簡単に期待値を求めることができる。例えば，2015年のグリーンジャンボは1ユニット（1,000万枚）あたりの当選金額が

等級	当選金額	本数
1等	400,000,000円	1本
1等の前後賞	100,000,000円	2本
1等の組違い賞	100,000円	99本
2等	10,000,000円	1本
3等	100,000円	500本
4等	5,000円	100,000本
5等	300円	1,000,000本

であるから，その平均は

$$E[X]=400,000,000\times\frac{1}{10,000,000}+\cdots+300\times\frac{1}{10}=146.99\text{円}$$

と求められる。300円で購入した宝くじの当選金額の平均は約147円であるから，支払った額の50％弱しか戻ってこない。宝くじ公式サイトの収益金の活用内容によると，実際の当選金として47％，公共事業に40％，残り13％が広報・印刷経費・人件費として使われている。確かに1等が当たれば大金が手に入るので，宝くじは夢を買っているとよくいわれるが，どちらかというと購入した金額の40％を国に寄付していると考える方が妥当なのかもしれない。

3.3　演習問題

連続型確率変数Xが確率密度関数$f(x)=\dfrac{1}{b-a}$　$(a\leqq x\leqq b)$に従うとき，積率母関数$E[e^{tX}]$を求めよ。また，積率母関数を用いて平均と分散を求めよ。

【参考文献】

- 岡本雅典，鈴木義一郎，杉山高一，兵頭昌(2012)．新版 基本統計学，実教出版．
- 杉山高一，藤越康祝編著(2009)．統計データ解析入門，みみずく舎．

コイン投げからできる確率分布

Key WORD

確率分布，ベルヌーイ分布，幾何分布，二項分布，ポアソン分布

この章の目的

本章では，「表が出る」か「裏が出る」かの2種類の事象しかないコイン投げという非常に簡単な試行を繰り返すことによって，いろいろな確率分布ができることを学ぶ。また，確率分布から平均や分散など分布を代表する値を求める。

この章の課題

表が出る確率pのコイン投げを考える。1回しかコイン投げを行わないのであれば，P(表が出る)$=p$，P(裏が出る)$=1-p$のように簡単な分布である。しかし，複数回コイン投げを行った場合，いろいろな確率変数を考えることができ，それぞれの確率分布を表の出る確率pを用いて表すことができる。例えば「初めて表が出るまでにかかった裏の回数」を確率変数Xとしたときの確率分布を求めてみよう。

4.1 ベルヌーイ分布

コイン投げの事象は「表が出る」,「裏が出る」の2種類しかない。ここで確率変数として「表が出る」とき1,「裏が出る」とき0を対応させる。このときの確率は

$$P(X=x)=p^x(1-p)^{1-x} \quad (x=0, 1)$$

と表すことができる。このように起こり得る事象の数が2つで，そのどちらかが必ず起こる確率分布を**ベルヌーイ分布**とよぶ。この後の節で紹介する確率分布はこのベルヌーイ分布に従う試行を複数回行うことを考える。コイン投げを何回も繰り返す場合，各回の結果は他の回の結果と無関係であるから各々の試行は独立である。よって，確率は積を使って求めることができる。

4.2 幾何分布

課題の解決

コイン投げで初めて表が出るまでにかかった裏の回数を確率変数Xとするとき，Xは**幾何分布**に従うという。確率$P(X=k)$はk回連続して裏が出た後の$k+1$回目に表が出る確率を計算すればよい。つまり

$$P(X=k)=\underbrace{(1-p)}_{1回目}\times\underbrace{(1-p)}_{2回目}\times\cdots\times\underbrace{(1-p)}_{k回目}\times\underbrace{p}_{k+1回目}=(1-p)^k p$$

のように求めることができる。ここでkの値は，1回目に表が出て1回も裏が出ない$k=0$から，何回やっても裏が出続ける$k=\infty$まで考えることができる。

例えば，表が出る確率$p=\frac{1}{2}$のコイン投げをして，5回目に初めて表が出る確率は，4回連続して裏が出た後，5回目に表が出る確率なので

$$P(X=4)=\left(1-\frac{1}{2}\right)^4\frac{1}{2}=\frac{1}{32}$$

と求めることができる。また，表が出る確率$p=\frac{1}{3}$のコイン投げをして3回以内に表が出る確率は，裏が連続する回数が 0, 1, 2回のときの確率の和になるので

$$P(X\leqq 2)=\sum_{i=0}^{2}\left(1-\frac{1}{3}\right)^i\frac{1}{3}=\frac{1}{3}+\frac{2}{9}+\frac{4}{27}=\frac{19}{27}$$

と求めることができる。

練習問題4.1

⑴ 表が出る確率$p=\frac{3}{5}$のコイン投げを行ったとき，5回目に初めて表が出る確率を求めよ。

⑵ 表が出る確率$p=\frac{1}{4}$のコイン投げを行ったとき，初めて表が出るまでにコイン投げを6回以上行う確率を求めよ。

幾何分布の平均μについては

$$\mu=E[X]=\sum_{k=0}^{\infty}k\times(1-p)^k p=\frac{1-p}{p}$$

である。つまり$p=\frac{1}{2}$のコイン投げをした場合，平均は1であるから，裏が出る

平均は1回である。初めて表が出るまでの回数は裏が連続して出てきた回数＋1なので，初めて表が出てくるまでの平均は2回である。一般に表が出る確率がpの場合，初めて表が出てくるまでの平均は

$$\frac{1-p}{p}+1=\frac{1}{p}$$

となるので，確率の逆数になる。これをくじ引きに応用すると，当たりが出る確率が$\frac{1}{100}$のとき初めて当たりが出るまでの平均回数は100回である。同様に分散σ^2を求めると

$$\sigma^2=E[(X-\mu)^2]=\sum_{k=0}^{\infty}\left(k-\frac{1-p}{p}\right)^2\times(1-p)^k p=\frac{1-p}{p^2}$$

である。

練習問題4.2

幾何分布の平均が$\frac{1-p}{p}$，分散が$\frac{1-p}{p^2}$になることを示せ。

4章

4.3 二項分布

コイン投げをn回投げたとき，表が出た回数を確率変数Xとするとき，Xは**二項分布**に従うという。確率$P(X=k)$はn回コイン投げをしてk回表が出て$n-k$回裏が出る確率を求めればよい。もしk回連続して表が出た後，$n-k$回連続して裏が出る場合の確率は

$$\underbrace{p}_{1回目}\times\cdots\times\underbrace{p}_{k回目}\times\underbrace{(1-p)}_{k+1回目}\times\cdots\times\underbrace{(1-p)}_{n回目}=p^k(1-p)^{n-k}$$

である。n回コイン投げをしてk回表が出て$n-k$回裏が出る組合せの数は${}_n\mathrm{C}_k$で求められ，どの場合も確率は$p^k(1-p)^{n-k}$で計算できるので，$X=k$となる確率は

$$P(X=k)={}_n\mathrm{C}_k p^k(1-p)^{n-k}$$

のように求めることができる。ここでkの値は，1回も表が出ない$k=0$からすべて表が出る$k=n$まで考えることができる。

例えば，表が出る確率$p=\frac{1}{2}$のコイン投げをして，5回中3回表が出る確率は

$$P(X=3)={}_5\mathrm{C}_3\left(\frac{1}{2}\right)^3\left(1-\frac{1}{2}\right)^2=10\cdot\frac{1}{8}\cdot\frac{1}{4}=\frac{5}{16}$$

と求めることができる。

練習問題4.3

(1) 表が出る確率が$p=\dfrac{3}{5}$のコイン投げをしたとき，4回中3回表が出る確率を求めよ。

(2) ある製品を作成するときの不良品が出る確率を$p=\dfrac{1}{7}$としたとき，5個の製品のうち不良品が1個以下である確率を求めよ。

二項分布の平均μについては

$$\mu=E[X]=\sum_{k=0}^{n}k\times{}_{n}C_{k}p^{k}(1-p)^{n-k}=np$$

である。つまり$p=\dfrac{1}{5}$のコイン投げを10回した場合，$np=2$であるから，表が出る平均は2回である。また，分散σ^2は$np(1-p)$となる。

練習問題4.4

二項分布の平均および分散がnp，$np(1-p)$になることを示せ。
（ヒント：確率の総和が1になることを利用する）

4.4 負の二項分布

試行の回数を固定しないコイン投げで，r回目の表が出るまでにかかった裏の回数を確率変数Xとするとき，Xは**負の二項分布**に従うという。負の二項分布は幾何分布の拡張になっており，$r=1$とすると幾何分布そのものになる。確率$P(X=k)$は最後の1回は必ず表が出ることから，$k+r-1$回目までに表が$r-1$回，裏がk回出ていて，$k+r$回目に表が出る確率を計算すればよい。つまり最初の$k+r-1$回は二項分布，最後の1回はベルヌーイ分布と考えれば

$$P(X=k)={}_{k+r-1}C_{r-1}p^{r-1}(1-p)^{k}\times p={}_{k+r-1}C_{r-1}p^{r}(1-p)^{k}$$

のように求めることができる。Xの範囲は幾何分布と同様に$k=0, 1, 2, \cdots$である。

例えば，表が出る確率$p=\dfrac{1}{3}$のコイン投げをして，7回目に3回目の表が出る確率は

$$P(X=4)={}_6\mathrm{C}_2\left(\frac{1}{3}\right)^3\left(1-\frac{1}{3}\right)^4=15\cdot\frac{1}{27}\cdot\frac{16}{81}=\frac{80}{729}$$

と求めることができる。

練習問題4.5

表が出る確率が$p=\dfrac{3}{5}$のコイン投げをしたとき，6回目に2回目の表が出る確率を求めよ。

負の二項分布の平均μについては

$$\mu=E[X]=\sum_{k=0}^{\infty}k\times{}_{k+r-1}\mathrm{C}_k p^r(1-p)^k=\frac{r}{p}$$

である。つまり$p=\dfrac{1}{5}$のコイン投げをして，3回目の表が出るまでの裏の回数の平均は15であるから，表が3回出るまでのコイン投げの期待回数は18回である。また，分散σ^2は$\dfrac{r(1-p)}{p^2}$である。

練習問題4.6

負の二項分布の平均，分散が$\dfrac{r}{p}$，$\dfrac{r(1-p)}{p^2}$になることを示せ。

4.5 ポアソン分布

二項分布はn回コイン投げを行ったときに，何回表が出たかの確率を表している。二項分布は確率変数が離散型であるだけではなく，時間もコインを投げた回数であるから離散型である。この二項分布の時間を連続型に拡張することを考えよう。つまりT分間の間にn回のコイン投げを行うことを考え，nをどんどんと大きくしていく。ただし，表が出る確率pを固定してnの値を大きくすると，T分間に表が出る回数もnとともに増えてしまうので，T分間で事象が起こる期待回数が一定になるように条件をつける。つまり二項分布の平均$\mu=np$をλで固定して$n\to\infty$ $(p\to 0)$の極限を考えると**ポアソン分布**とよばれる確率分布になる。ポアソン分布の確率は

$$P(X=k)=\frac{\lambda^k}{k!}e^{-\lambda}\quad(k=0,1,2,\cdots)$$

で与えられる。さらにポアソン分布の平均μについては

$$\mu=E[X]=\sum_{k=0}^{\infty}k\times\frac{\lambda^k}{k!}e^{-\lambda}=\lambda$$

であり，分散σ^2はλである。

練習問題4.7

ポアソン分布の平均，分散がともにλになることを示せ。

ポアソン分布に当てはまる例としては，1時間単位でお店に来る客の人数や1日ごとに受け取るメールの数などが挙げられる。例えば，あるお店には1日平均10人の客が来るとき，1日で5人の客が来る確率を求めるには，平均の値から$\lambda=10$として

$$P(X=5)=\frac{10^5}{5!}e^{-10}=\frac{2500}{3}e^{-10}=0.03783\cdots$$

のように約3.8％であると求められる。

練習問題4.8

1日あたり平均8人の客が来るお店があるとき，次の問いに答えよ。

(1) 1日に来る客の人数の分散を求めよ。

(2) 1日に来る客が2人以下になる確率を求めよ。

理解の確認ポイント | Point

- □ ベルヌーイ分布に従う試行を繰り返してのさまざまな離散型確率分布の導出
- □ 離散型確率分布の確率計算
- □ 離散型確率分布の平均・分散の導出

コラム 確率過程について

この本で扱う確率変数は投げる回数や時間を固定している。しかし，投げる回数や時間に依存する確率変数を考えることは容易である。特にコイン投げを考えるのであれば，n回投げたときに表の出た回数を$X(n)$とすれば，投げた回数nを変化させるとnの値に依存して確率変数$X(n)$の値も変化する。確率過程はこのように時間とともに変化する確率変数を扱う。$X(n)$はnを固定すれば二項分布になるが，nを固定しないと二項過程とよばれる確率過程になる。この章で扱っているポアソン分布や次章で扱う指数分布は確率過程でもよく用いられる分布であるから，よく理解しておくと確率過程もわかりやすい。

4.6 演習問題

ある工場で作る商品が良品である確率を$p=\frac{5}{7}$と仮定したとき，次の問いに答えよ。

(1) 商品を6個作成したうち，不良品が1個以下である確率を求めよ。

(2) 不良品が4個目にはじめて出てくる確率を求めよ。

(3) 10個作成したとき，10個目に3個目の不良品が出てくる確率を求めよ。

【参考文献】

- 岡本雅典，鈴木義一郎，杉山髙一，兵頭昌(2012)．新版 基本統計学，実教出版.
- 杉山髙一，藤越康祝編著(2009)．統計データ解析入門，みみずく舎.

測定したデータが従う確率分布

Key WORD　確率分布，一様分布，正規分布，t分布，χ^2分布，F分布，ワイブル分布

この章の目的　本章では，実験など測定によって得られる連続型のデータに対して，どのような確率密度関数があるかを学ぶ。

この章の課題　日本人の20～29歳の男性はだいたい1,270万人である。20歳代の男性を母集団として身長の大きさをXと考えたとき，自分の身長以下はいったい何人ぐらいいるのだろうか。身長は連続型のデータであるから，確率密度関数を使って実際に計算してみよう。

5.1 一様分布

連続型確率密度関数が適当な区間で常に一定になるようなものを考える。つまり区間$[a,\ b]$で確率密度関数が一定の値になるようにするには

$$f(x)=\frac{1}{b-a}\quad (a\leqq x\leqq b)$$

とすればよい。このような分布を**一様分布**とよぶ。一様分布の平均μ，分散σ^2については例題3.3にあるとおり

$$\mu=E[X]=\frac{a+b}{2}$$

$$\sigma^2=E[(X-\mu)^2]=\frac{(b-a)^2}{12}$$

である。

一様分布の分布関数は確率密度関数を積分することによって

$$F(x)=\frac{x-a}{b-a} \quad (a \leqq x \leqq b)$$

であることがわかる。このような分布に従う例とし，一定の区間でどの値になるか事前の情報がないような場合に使われる。例えば，デジタルの体重計で重さを量った場合0.1kg単位で結果が表示される。それ以下の部分は計測不可能であるから，[0, 0.1]の間は一様分布を仮定する。そのほかシミュレーション実験を行う場合の乱数としてもよく用いられている。

例えば，区間[1, 2]の一様分布を考えた場合，確率密度関数およびそのグラフは次のようになる。

$$f(x)=\frac{1}{2-1}=1$$

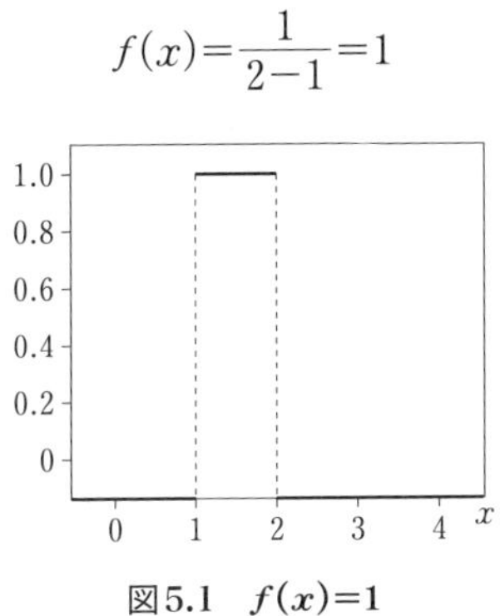

図5.1　$f(x)=1$

この確率分布に従う確率変数Xが，(1.2, 1.8]の間に入る確率は積分を使って

$$P(1.2<X \leqq 1.8)=\int_{1.2}^{1.8} 1\,dx=0.6$$

より0.6である。また，連続型確率変数が1点$X=x$になる確率は0なので

$$P(1.2<X \leqq 1.8)=P(1.2 \leqq X \leqq 1.8)=P(1.2 \leqq X<1.8)=P(1.2<X<1.8)$$

が成立している。つまり区間が開区間でも閉区間でも確率は変わらない。また，確率は積分で求めているため，確率の値は確率密度関数とx軸で囲まれる部分のグラフの面積と等しい。

5.2 指数分布

確率変数Xの確率密度関数$f(x)$が定数$\lambda>0$に対して

$$f(x)=\lambda e^{-\lambda x} \quad (0<x)$$

5章

のように指数関数を用いて表されるものを**指数分布**とよぶ。指数分布の分布関数は

$$F(x)=1-e^{-\lambda x}$$

である。指数分布の平均μについては積分を使って

$$\mu=E[X]=\int_0^\infty x\times\lambda e^{-\lambda x}dx=\frac{1}{\lambda}$$

である。つまりパラメータλの逆数が平均になっている。また，分散については$\sigma^2=\dfrac{1}{\lambda^2}$となり，平均の2乗と等しい。

練習問題5.1

指数分布の平均が$\dfrac{1}{\lambda}$，分散が$\dfrac{1}{\lambda^2}$になることを示せ。

指数分布に従う例として，ある機械を買ってから故障するまでの時間の分布や，お店に来る客が来てから次の客が来るまでの時間間隔の分布などがある。

$\lambda=1$の指数分布を考えた場合，確率密度関数およびそのグラフは次のようになる。

$$f(x)=e^{-x}$$

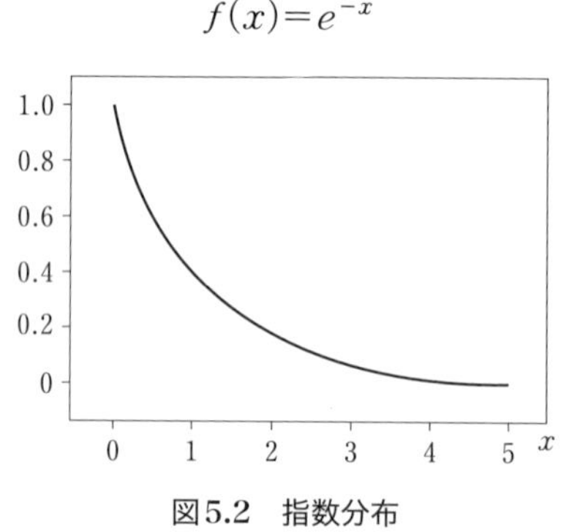

図5.2　指数分布

例えば，故障までに平均3年かかる商品がX年で故障するとしたとき，その確率密度関数は

$$f(x)=\frac{1}{3}e^{-\frac{1}{3}x}$$

で与えられる。このとき1年以内で故障してしまう確率は

$$P(X\leqq 1)=\int_0^1\frac{1}{3}e^{-\frac{1}{3}x}dx=1-e^{-\frac{1}{3}}=0.2834\cdots$$

より約28％である。

練習問題5.2

$\lambda=4$の指数分布に従う確率変数Xが区間$[1, 5]$に入る確率を求めよ。

5.3 正規分布

確率変数Xの確率密度関数$f(x)$が次のような関数で与えられるとき**正規分布**とよぶ。

$$f(x)=\frac{1}{\sqrt{2\pi}\sigma}e^{-\frac{(x-\mu)^2}{2\sigma^2}} \quad (-\infty<x<\infty)$$

正規分布は，2つのパラメータ$-\infty<\mu<\infty$と$0<\sigma$によって定まるので，$N(\mu, \sigma^2)$と表記することがある。この分布に従う例として，身長や体重の分布や誤差の分布として用いられることが多い。また入試で用いられる「偏差値」は得点の分布が正規分布に従うことを仮定していて，偏差値70以上である確率は約2.3％である（コラム参照）。

$\mu=0$，$\sigma^2=1$の正規分布を**標準正規分布**とよぶが，標準正規分布の確率密度関数およびそのグラフは次のようになる。

$$f(x)=\frac{1}{\sqrt{2\pi}}e^{-\frac{x^2}{2}}$$

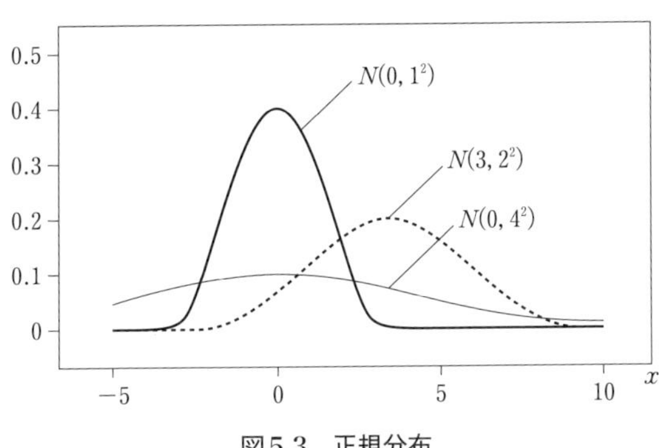

図5.3　正規分布

正規分布の確率密度関数は複雑な形をしているが，グラフはμを中心に左右対称で単峰型（つり鐘型）をしていて，σ^2の値が大きいほどなだらかな山になっている（太線が$N(0, 1^2)$，細線が$N(0, 4^2)$のグラフ）。

正規分布の分布関数については，確率密度関数の不定積分が初等関数で表すことができない。そのため一般の確率などは正規分布の確率表やコンピュータを用いて計算する。正規分布の平均については$xf(x)$が奇関数になることから

$$E[X]=\int_{-\infty}^{\infty} x\times\frac{1}{\sqrt{2\pi}\,\sigma}e^{-\frac{(x-\mu)^2}{2\sigma^2}}dx=\mu$$

のようにパラメータμと一致している。分散についてもパラメータσ^2と一致している。

練習問題5.3

正規分布の平均がμ，分散がσ^2となることを示せ。

5.3.1 正規分布の確率計算

正規分布$N(\mu,\sigma^2)$に従う確率変数Xが$a<X\leqq b$に入る確率は

$$P(a<X\leqq b)=\int_a^b\frac{1}{\sqrt{2\pi}\,\sigma}e^{-\frac{(x-\mu)^2}{2\sigma^2}}dx$$

で求めることになる。積分の計算は$z=\dfrac{x-\mu}{\sigma}$で置換積分を行うことによって

$$P(a<X\leqq b)=\int_a^b\frac{1}{\sqrt{2\pi}\,\sigma}e^{-\frac{(x-\mu)^2}{2\sigma^2}}dx=\int_{\frac{a-\mu}{\sigma}}^{\frac{b-\mu}{\sigma}}\frac{1}{\sqrt{2\pi}}e^{-\frac{z^2}{2}}dz$$

と表すことができるので，標準正規分布$N(0,1)$に従う確率変数Zが$\dfrac{a-\mu}{\sigma}<Z\leqq\dfrac{b-\mu}{\sigma}$に入る確率と一致する。つまり標準正規分布の結果がわかればすべての正規分布の確率を求めることができる。しかし，前節でも述べたように積分は困難であるため，表やコンピュータを用いて計算する。

統計解析ソフト「R」を使って確率を求める場合，次の関数を用いる。

正規分布$N(\mu,\sigma^2)$に従う確率変数Xがx以下になる確率は

```
pnorm(x,μ,σ)
```

特に$\mu=0$，$\sigma=1$の標準正規分布の場合，μとσを省略することができる。

標準正規分布$N(0,1)$が区間$[a,b]$に入る確率は

```
pnorm(b)-pnorm(a)
```

で求めることができる。

一般の正規分布$N(\mu, \sigma^2)$が区間$[a, b]$に入る確率は

```
pnorm(b,μ,σ)-pnorm(a,μ,σ)
```

を使って求めることができる。

例題 5.1 次の確率を求めよ。

(1) 標準正規分布$N(0, 1)$において，区間$[-2.28,\ -0.40]$に入る確率

(2) 正規分布$N(-5, 2^2)$において，区間$[-8.32,\ 0.36]$に入る確率

解説 Rで求めると

(1)

```
> pnorm(-0.40)-pnorm(-2.28)
[1] 0.3332744
```

より求める数は0.333である。

(2)

```
> pnorm(0.36,-5,2)-pnorm(-8.32,-5,2)
[1] 0.9478617
```

より求める数は0.948である。

5章

課題の解決

身長の分布は一般的には正規分布で近似できる。正規分布は平均μと分散σ^2を決めれば分布が確定する。その値については文部科学省が体力・運動能力調査として毎年公表している。詳細についてはWebページにあるので省略し結果のみを紹介しておくと20〜29歳までの平均と分散は$\mu=171.9$，$\sigma^2=5.645^2$である。よって，例えば180 cm以上になる確率をRを用いて計算すると

```
> 1-pnorm(180,171.9,5.645)
[1] 0.07565806
```

であるから，約7.6％である。20歳代の人数が1,270万人であれば，その人数は1,270万人×0.0076＝96.5万人となるので，100万人を少し切るぐらいの人数であるといえる。

練習問題5.4

次の確率を求めよ。

(1) 標準正規分布$N(0,1)$において，区間[−1.58, 2.14]に入る確率

(2) 正規分布$N(3,4^2)$において，区間[3.56, 8.14]に入る確率

5.4 その他の分布

この節で紹介する分布は，この後の章で用いられる分布であるが，正規分布と同様に確率計算は困難でコンピュータを使わないと計算できないものが多い。そのため，確率密度関数の紹介と簡単な使い方の紹介のみとする。

5.4.1 χ^2分布

確率変数Xの確率密度関数$f(x)$が次のような関数で与えられるとき**自由度mのχ^2分布**とよぶ。

$$f(x)=\frac{1}{2^{\frac{m}{2}}\Gamma\left(\frac{m}{2}\right)}x^{\frac{m}{2}-1}e^{-\frac{x}{2}}\quad(0<x<\infty)$$

χ^2分布は標準正規分布に従う確率変数の2乗和の分布である。Z_1, Z_2, …, Z_mが独立に標準正規分布に従うとき，$\sum_{i=1}^{m}Z_i^2$は自由度mのχ^2分布に従う。そのため，標本分散の区間推定や独立性の検定などで用いられる。

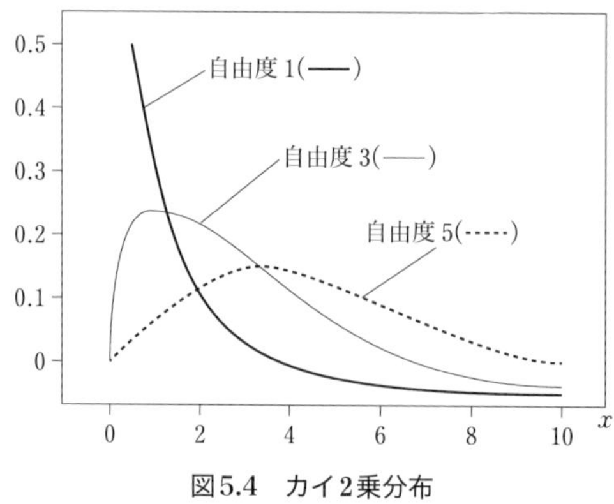

図5.4　カイ2乗分布

5.4.2 t分布

確率変数Xの確率密度関数$f(x)$が次のような関数で与えられるとき**自由度mのt分布**(あるいは**スチューデントのt分布**)とよぶ。

$$f(x)=\frac{1}{\sqrt{m}}\cdot\frac{\Gamma\left(\frac{m+1}{2}\right)}{\sqrt{\pi}\,\Gamma\left(\frac{m}{2}\right)}\left(1+\frac{x^2}{m}\right)^{-\frac{m+1}{2}}\quad(-\infty<x<\infty)$$

正規分布に従うX_1, X_2, …, X_nからこの後の章で説明する標本平均$\overline{X}$と標本分散S^2を用いた$\dfrac{\overline{X}-\mu}{\frac{S}{\sqrt{n}}}$は自由度$n-1$の$t$分布に従う。そのため，$t$分布は母集団分布に正規分布が仮定できて，分散$\sigma^2$が未知の場合の標本平均の分布となるので，区間推定や仮説検定などで用いられる。

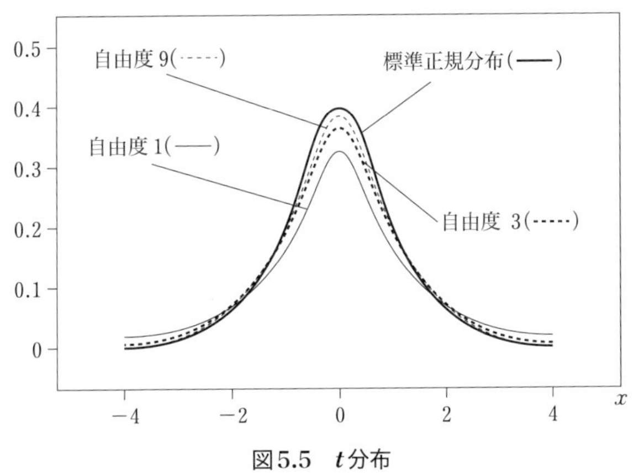

図5.5　t分布

5.4.3 F分布

確率変数Xの確率密度関数$f(x)$が次のような関数で与えられるとき**自由度m_1, m_2のF分布**とよぶ。

$$f(x)=\frac{\Gamma\left(\frac{m_1+m_2}{2}\right)}{\Gamma\left(\frac{m_1}{2}\right)\Gamma\left(\frac{m_2}{2}\right)}\left(\frac{m_1}{m_2}\right)^{\frac{m_1}{2}}\frac{x^{\frac{m_1}{2}-1}}{\left(1+\frac{m_1}{m_2}x\right)^{\frac{m_1+m_2}{2}}}\quad(0<x<\infty)$$

F分布は2つのχ^2分布に従う確率変数の比の分布で，U_1, U_2をそれぞれ自由度

m_1, m_2のχ^2分布に従う独立な確率変数としたとき $\dfrac{\frac{U_1}{m_1}}{\frac{U_2}{m_2}}$ は自由度m_1, m_2のF分布に従う。F分布は分散分析などで用いられる。

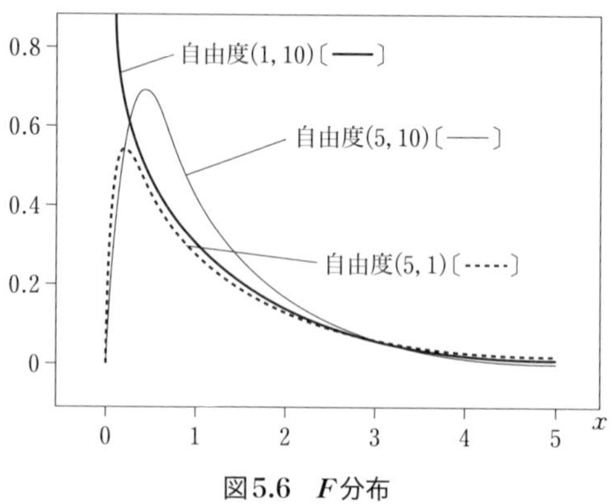

図5.6　*F*分布

5.4.4 ワイブル分布

確率変数Xの確率密度関数$f(x)$が次のような関数で与えられるとき**形状パラメータm，尺度パラメータηを持つワイブル分布**とよぶ。

$$f(x)=\frac{m}{\eta}\left(\frac{x}{\eta}\right)^{m-1}e^{-\left(\frac{x}{\eta}\right)^m}\quad(0<x<\infty)$$

ワイブル分布は破壊に対する強度や破壊までの時間の分布に適用されることが多い。

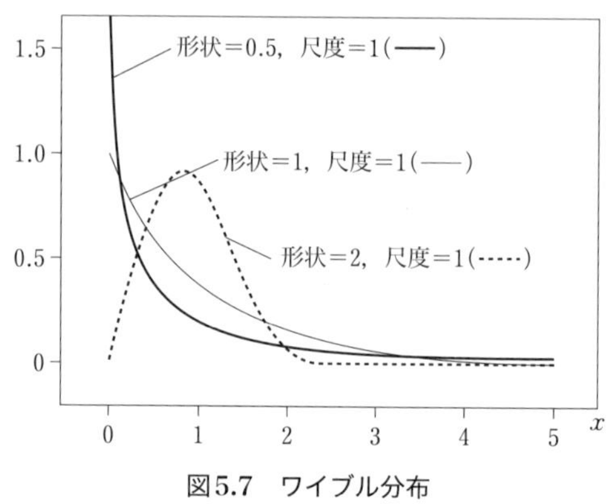

図5.7　ワイブル分布

理解の確認ポイント　Point

□ 基本的な連続型の確率密度関数の形
□ 一様分布の確率と平均・分散の計算
□ 正規分布の確率密度関数とμ，σ^2の関係
□ Rを使った正規分布の確率の計算

コラム　正規分布と偏差値

受験等でよく用いられる「偏差値」は，得点の分布が正規分布であることを仮定し，わかりやすいように平均を50，分散を10^2となるように変換した結果である。つまり平均点を取った人の偏差値は50で，点数順に並べてちょうど真ん中にきている。正規分布であるから，偏差値40〜60に入る確率は約68.3％，偏差値20〜80までにほとんどすべてである99.73％の人が入る。さらに偏差値70以上の確率を求めると2.3％である。ただし，この確率はあくまでも得点の分布が正規分布になっている場合で，その前提が崩れると偏差値は信用できない。数学のテストは数学が得意な人と不得意な人で分布の山が2つ，3つになることがあり，その場合，偏差値100以上（正規分布を仮定すると約350万分の1）などのあり得ない結果が出てくることもある。統計で出てきた数字を見る場合，仮定している前提条件が正しいかどうかを確認しておかないとおかしな結果をつかむことになるので注意すべきである。

5章

5.5 演習問題

成人男性の身長の分布が$N(171.9,\ 5.65^2)$で近似できるとき，次のものを求めよ。

(1) 165 cm以上175 cm未満になる確率
(2) 160 cm未満になる確率

【参考文献】

● 岡本雅典，鈴木義一郎，杉山髙一，兵頭昌 (2012). 新版 基本統計学，実教出版.
● 杉山髙一，藤越康祝編著 (2009). 統計データ解析入門，みみずく舎.

点推定と区間推定

Key WORD　正規分布，二項分布，パラメータ，推定量，不偏推定，平均2乗誤差，信頼区間，大標本，小標本，標準誤差

この章の目的　この章では，データを生成する統計モデルを構成するパラメータをデータから推定する基礎を学ぶ。主として，正規分布と二項分布の平均のパラメータを推定する問題を考える。

この章の課題　次のデータは，バス停でバスを待っているときの待ち時間(単位：分)を計測したものである。平均待ち時間とどのくらい待てば90％の確率でバスに乗れるかを推定せよ。

20	10	24	20	32	24	24	6	12	33
17	22	18	12	5	34	18	12	26	16

6.1 平均の推定

平均の推定は，統計学で最も基本的な問題であり，あらゆる推定の基礎となる。まず，母集団の分布を$f(x\,;\mu)$で定義する。母集団の平均パラメータ(母パラメータあるいは単にパラメータ)をデータX_1, …, X_nに基づいて推定する問題を考える。ここに，μはX_i $(i=1, \cdots, n)$の期待値(平均)であり

$$\mu=E[X_i]$$

と表される。また，X_1, …, X_nはn個のデータの総称を表すものとする。μの推定量あるいは推定値(厳密には推定量はデータの関数であり，推定値はデータの実現値を代入したものである)は標本平均を使うことが多い。したがって，この推定量を$\hat{\mu}$と表すと，$\hat{\mu}$は

$$\hat{\mu}=\frac{1}{n}\sum_{i=1}^{n}X_i$$

で与えられる。この値はデータが1セット決まれば，1つの値を取るので**点推定量**(点推定値）とよばれる。μの推定量は標本平均でなければならないということはないが，不偏であるといういい性質を持っている。

$$
\begin{aligned}
E[\overline{X}] &= E\left[\frac{1}{n}\sum_{i=1}^{n} X_i\right] \\
&= \frac{1}{n}\sum_{i=1}^{n} E[X_i] \\
&= \frac{1}{n}\sum_{i=1}^{n} \mu \\
&= \frac{1}{n} \times n\mu \\
&= \mu
\end{aligned}
$$

また，分散の最小性を示すために，関数を選ぶ問題を考える。

$$\tilde{\mu} = g(X_1, \cdots, X_n)$$

のような一般的な関数から選ぶことは困難であるので，gという関数を線形の中から選ぶと，つまり

$$g(X_1, \cdots, X_n) = c_1X_1 + \cdots + c_nX_n$$

として，c_1，…，c_nを決めるという問題を考えると，$X_1, \cdots, X_n$が独立に同一の分布に従い，分散が等しくσ^2であるという条件のもとで，標本平均は不偏かつ分散を最小にすることができるといういい性質を持っている。

実際，$\sum_{i=1}^{n} c_i = 1$の条件のもとで，gの分散を計算すると次のように最小値が計算できることがわかる。

$$
\begin{aligned}
Var\left[\sum_{i=1}^{n} c_iX_i\right] &= \sum_{i=1}^{n} c_i{}^2 Var[X_i] + \sum_{i \neq j} c_ic_j Cov[X_i, X_j] \\
&= \sigma^2 \sum_{i=1}^{n} c_i{}^2 \\
&= \sigma^2 \left\{\sum_{i=1}^{n} \left(c_i - \frac{1}{n}\right)^2 + \frac{1}{n}\right\} \geqq \frac{\sigma^2}{n}
\end{aligned}
$$

すなわち，推定量の分散について，$c_1 = \cdots = c_n = \dfrac{1}{n}$のとき最小で，

$$Var[g(X_1, \cdots, X_n)] \geqq Var\left[\frac{1}{n}X_1 + \cdots + \frac{1}{n}X_n\right]$$

が成立する。

したがって，標本平均を分布の平均パラメータの推定量として採用してよいこ

とがわかる。

ここで，点推定量を計算する上で，整理しておきたい重要なポイントは不偏性と分散の最小性である。下図の3人で5回ずつ投げた的当ての結果を見て欲しい。

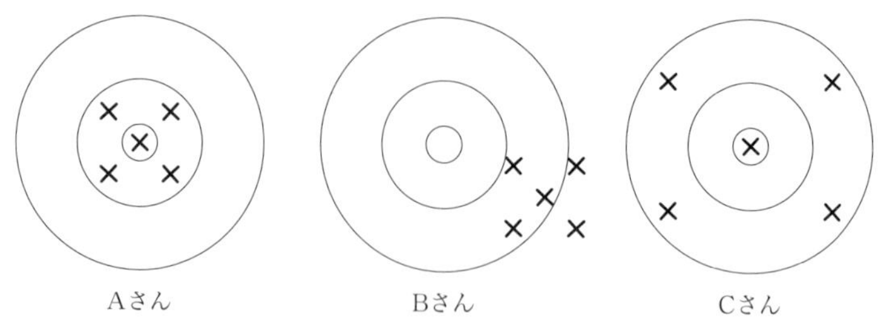

図6.1　偏りとバラツキ

的当てでは，真ん中に的中すればするほど得点が高いのは言うまでもない。

Aさんが一番うまいことは明らかである。BさんとCさんでは，得点という意味ではCさんが高得点になるが，バラツキという観点からは，BさんよりCさんの方が大きいというふうに見ることができる。的の中心に向かって投げている，つまり5本の矢の重心が的の中心になっていることを偏りのない投げ方（偏りがないという意味で不偏）というとすると，Bさんは偏りがある投げ方となっている。バラツキについては，AさんとBさんは同じである。バラツキの小さいBさんは何らかのフォームの矯正をすることによって，的の中心に矢を向けることができれば，高得点が期待できる。不偏性とバラツキという評価尺度は一元化することは困難で，通常は，まずは，偏りをなくすこと，次にバラツキを小さくする（分散の最小化）ように推定量を設計する。また，バラツキと不偏性を一元化して推定量を評価する方法として，平均2乗誤差の最小化という基準もある。

●標本平均の性質

算術平均の性質としては，標本サイズを大きくすれば，その分布はだんだん，真の平均に近づいていくということである。どのように近づくかは，次の図を参照されたい。図は平均0，分散1の正規分布から標本サイズ$n=10$の標本を取り出し，その算術平均を10000個生成し，ヒストグラムを描いたものである。もとの標準正規分布は-3から3ぐらいにデータがあるのに，標本サイズ10の標本平均の分布は-1から1に集まり，平均は0のまま，バラツキが小さくなっていることが見えよう。

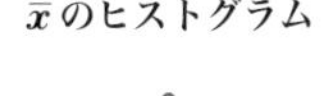

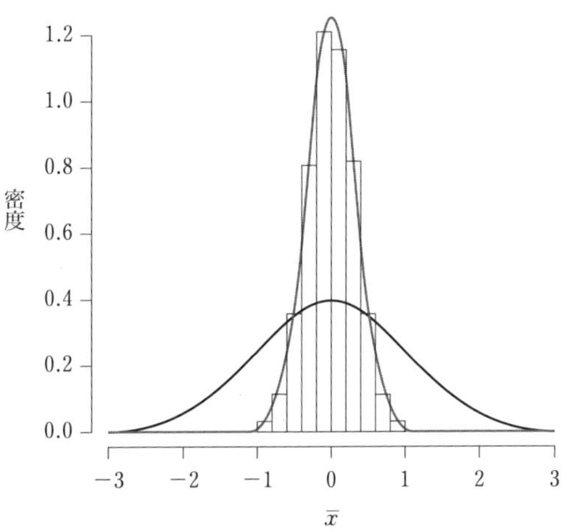

図6.2　平均の推定量の分布

```
> x.bars=numeric(10000);for (i in 1:10000) {x.bars[i]=mean(rnorm
(10))}
> mean(x.bars)
[1] 0.0004097492
> var(x.bars)
[1] 0.1000039
> hist(x.bars,xlim=c(-3,3), prob=T)
> curve(dnorm(x),-3,3,add=T)
> curve(dnorm(x,mean=0, sd=1/sqrt(10)),col="red", add=T)
```

標本平均にはnが増加するに従って，真の値に収束するという性質がある。

(大数の法則)

$$\forall\varepsilon>0,\ P\{|\overline{X}_n-\mu|>\varepsilon\}\to 0\quad(n\to\infty)$$

課題では，平均の推定値は

$$\hat{\mu}=\frac{1}{20}(20+10+\cdots+16)=\frac{385}{20}\cong 19.25\,(分)$$

と計算される。Rで計算を行うには，次のようにする。

```
> x=c(20,10,24,20,32,24,24,6,12,33,17,22,18,12,5,34,18,12,26,16)
> mean(x)
```

```
[1] 19.25
```

ちなみに，このときの分散の不偏推定値は

```
> var(x)
[1] 70.09211
```

標準偏差の推定値は

```
> sd(x)
[1] 8.372103
```

となる。標準偏差の推定値は不偏推定値とはなっていない点に注意する。Rで用いる分散の関数は

$$\hat{\sigma}^2=\frac{1}{n-1}\sum_{i=1}^{n}(X_i-\overline{X})^2$$

であり，不偏推定量を与える。また，標準偏差を与える関数sd( )は

$$\hat{\sigma}=\sqrt{\frac{1}{n-1}\sum_{i=1}^{n}(X_i-\overline{X})^2}$$

で定義される。データの従う分布が正規分布であることが仮定できる場合は，不偏推定量は次のように表現できることが知られている。

$$\tilde{\sigma}=\sqrt{\frac{n-1}{2}}\frac{\Gamma\left(\frac{n-1}{2}\right)}{\Gamma\left(\frac{n}{2}\right)}\times\sqrt{\frac{1}{n-1}\sum_{i=1}^{n}(X_i-\overline{X})^2}$$

Rでは，

```
> n=length(x);sqrt((n-1)/2)*gamma((n-1)/2)/gamma(n/2)*sd(x)
[1] 8.482939
```

分散については，その不偏性には正規分布の仮定を必要としない。

6.2 区間推定

点推定では，標本の関数として，推定値をただ1つ求めたが，確率を考慮すると1点を取る確率はゼロであり，そのような推定値はたまたま実現しただけであって，いつもその値になることはない。例えば，6時にある駅で待ち合わせをする

場合，6時ぴったりに駅にいなければならないというわけではない。人により10分の遅れを許容することもあれば，30分程度の遅れであれば許容できることもある。時間に厳格な人であれば，1000分の1の時間の遅れも許さないという人もいるかもしれない。いずれにせよ，6時ぴったりに駅にいることは困難である。そうした場合に許容範囲（時間的区間）を設けることによって待ち合わせが可能となる。これが**区間推定**である。

区間推定では，確率分布を構成するパラメータの真値がある区間に入る確率が90パーセント以上であるというような，確率的論述を扱う。

$$P(L(X_1, \cdots, X_n) \leqq \mu \leqq U(X_1, \cdots, X_n)) \geqq 1-\alpha$$

上の式で与えられるような下側信頼限界$L(X_1, \cdots, X_n)$と，上側信頼限界$U(X_1, \cdots, X_n)$を標本の関数として定める。この区間のことを**信頼区間**という。上式の意味は，真のパラメータμが$1-\alpha$以上の確率で(L, U)区間内にあるということである。確率に関する不等式制約は通常は等号制約で行う。αは**危険率**といい，$1-\alpha$を**信頼水準（信頼度）**という。一般にαを小さくすれば，区間は広くなり，大きくすれば狭くなる傾向がある。また，標本サイズnが大きくなると区間は狭くなる。

図6.3は真の平均のパラメータを$\mu=0$として，大きさ10の標本から信頼水準90％の信頼区間を100回生成したとき，どのくらい真の値を含んでいるのかを示したものである。作成した信頼区間がランダムに変化することが見て取れる。100回中90回の区間が$\mu=0$を含んだ結果になっていることに注意されたい。

6章

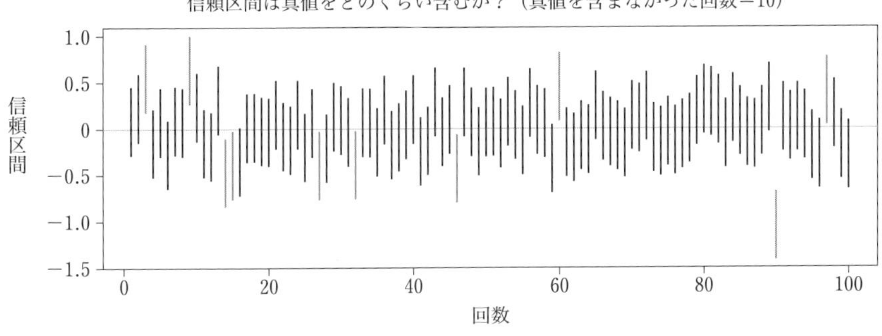

図6.3　区間推定の意味

6.2.1 正規分布の場合

ここでは，正規分布の場合について，平均のパラメータμの区間推定を行う。標本平均の分布が平均μ，分散$\frac{\sigma^2}{n}$の正規分布$N\left(\mu,\ \frac{\sigma^2}{n}\right)$に従うことを利用して推定する。

分散既知の場合は次の式を利用する。ここに，$z_{1-\frac{\alpha}{2}}$は標準正規分布の下側$1-\frac{\alpha}{2}$分位点を表す。図6.4は下側と上側の$\frac{\alpha}{2}$確率を示している。

$$L=\overline{X}-\frac{\sigma}{\sqrt{n}}z_{1-\frac{\alpha}{2}}$$

$$U=\overline{X}+\frac{\sigma}{\sqrt{n}}z_{1-\frac{\alpha}{2}}$$

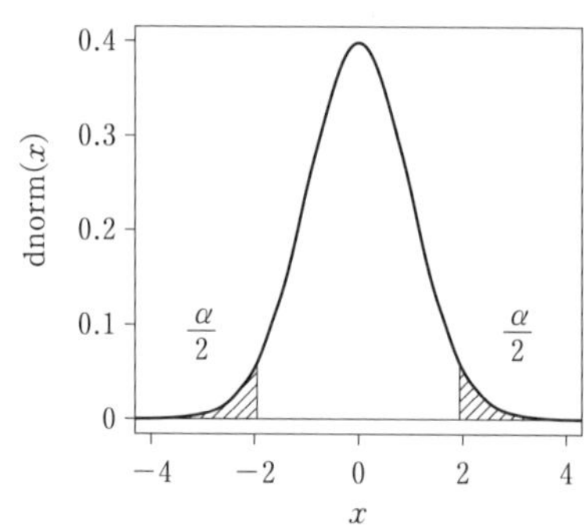

図6.4　正規分布の危険率と両側信頼限界

6.1　ある男子学生10人の身長を測定したところ，次の結果が得られたという (単位：cm)。

164.2 155.4 184.7 162.6 181.3 183.4 181.4 163.4 181.5 180.5

標準偏差は$\sigma=10$cmであるものとして，平均μの区間推定をせよ。ただし，信頼水準は$1-\alpha=0.95$とする。

解説　標本平均$\overline{X}$は

$$\overline{X}=\frac{1}{10}(164.2+155.4+\cdots+180.5)$$
$$=173.84$$

と計算される。下側信頼限界と上側信頼限界はそれぞれ次のようになる。

$$L=\overline{X}-\frac{\sigma}{\sqrt{n}}z_{1-\frac{\alpha}{2}}=173.84-\frac{10}{\sqrt{10}}\times1.96\simeq167.64$$

$$U=\overline{X}+\frac{\sigma}{\sqrt{n}}z_{1-\frac{\alpha}{2}}=173.84+\frac{10}{\sqrt{10}}\times 1.96\simeq 180.04$$

分散が未知の場合は次式を用いる。ここに，$t_\alpha(n)$は自由度nのt分布のα分位点を表す。

$$L=\overline{X}-\frac{\widehat{\sigma}}{\sqrt{n}}t_{1-\frac{\alpha}{2}}(n-1)$$

$$U=\overline{X}+\frac{\widehat{\sigma}}{\sqrt{n}}t_{1-\frac{\alpha}{2}}(n-1)$$

実際には分散が既知であることは少ないので，こちらの方が一般的である。自由度$n-1$のt分布を用いる。例題6.1での身長の例でRを用いて計算を行ってみる。

```
> x=scan()
1: 164.2 155.4 184.7 162.6 181.3 183.4 181.4 163.4 181.5 180.5
11:
Read 10 items
> t.test(x)
        One Sample t-test
data:  x
t = 49.8734, df = 9, p-value = 2.628e-12
alternative hypothesis: true mean is not equal to 0
95 percent confidence interval:
 165.9550 181.7250
sample estimates:
mean of x
   173.84
```

6.2.2 正規分布以外の場合

正規分布以外の場合の平均のパラメータの区間推定を行うには，十分な大きさの標本が必要である。分布にも依存するが，標本サイズが大きい，いわゆる大標本の理論を使うには，標本サイズが25以上は必要である（Hoel，1981）。大標本の場合，近似的な信頼区間は次のようになる。

$$L \approx \overline{X} - \mathrm{se}(\overline{X}) \times z_{1-\frac{\alpha}{2}}$$

$$U \approx \overline{X} + \mathrm{se}(\overline{X}) \times z_{1-\frac{\alpha}{2}}$$

ここに$\mathrm{se}(\overline{X})$は$\overline{X}$の標準誤差で，次式で与えられる。

$$\mathrm{se}(\overline{X}) = \sqrt{Var[\overline{X}]}$$

6.3 比率の推定

この節では成功や失敗で表現できるような，2値データにおける，確率（比率）の推定を行う。基礎となる分布はベルヌーイ分布である。ベルヌーイ分布では次の3つのことを仮定したベルヌーイ試行に基づく。

1) 試行の結果起こる事象は成功あるいは失敗のように2値のデータである。
2) 成功の確率は試行を通じて一定である。
3) 各試行は他の試行とは独立である。

ベルヌーイ分布の確率は，

$$f(x\,;\,p) = p^x(1-p)^{1-x} \quad (x=0,1\,;\,0 \leqq p \leqq 1)$$

で与えられる。$X_1, \cdots, X_n$が独立に同一のベルヌーイ分布に従うとき

$$E[X_i] = p$$

$$Var[X_i] = p(1-p)$$

であるので，推定の問題は平均のパラメータの推定の問題となり，分布は正規分布以外となるので，大標本の理論が適用される。点推定は標本平均で与えられ，近似的な区間推定が構成できる。

$$X_1, X_2, \cdots, X_n \sim f(x\,;\,p)$$

$$L = \hat{p} - z_{1-\frac{\alpha}{2}}\sqrt{\frac{\hat{p}(1-\hat{p})}{n}}$$

$$U = \hat{p} + z_{1-\frac{\alpha}{2}}\sqrt{\frac{\hat{p}(1-\hat{p})}{n}}$$

ここでは，次のことに注意する。

$$\hat{p} = \overline{X}, \quad Var[\overline{X}] = \frac{p(1-p)}{n}$$

例題 6.2 プロ野球のあるチームがペナント144試合のうち，80試合勝ったという。勝率の区間推定をせよ。

解説 Rでは次のようになされる。

```
> prop.test(80,144,conf.level=0.95)


        1-sample proportions test with continuity correction


data:  80 out of 144, null probability 0.5
X-squared = 1.5625, df = 1, p-value = 0.2113
alternative hypothesis: true p is not equal to 0.5
95 percent confidence interval:
 0.4705599 0.6375423
sample estimates:
        p
0.5555556
```

●二項分布のパラメータ推定

pを推定するのに個々のベルヌーイ試行の結果は必ずしも必要でなく，n回のベルヌーイ試行の結果として成功の回数rがわかればよい。したがって，二項分布としての計算をすればよいことがわかる。

$$Var[\hat{p}] \approx \sqrt{\frac{\frac{r}{n}\left(1-\frac{r}{n}\right)}{n}} = \sqrt{\frac{r(n-r)}{n^3}}$$

Rを用いると，大標本の理論によらず，精確な信頼区間の構成が可能となる。次のコードを参照するとよい。

```
> binom.test(80,144,80/144,conf.level=0.95)


Exact binomial test


data:  80 and 144
number of successes = 80, number of trials = 144, p-value
= 1
```

6章

```
alternative hypothesis: true probability of success is not equal to
0.5555556
95 percent confidence interval:
 0.4705004 0.6382778
sample estimates:
probability of success
          0.5555556
```

理解の確認ポイント　Point

- □ 点推定の作り方と意味
- □ 区間推定の作り方と意味
- □ 信頼区間
- □ 危険率
- □ 信頼水準 (信頼度)
- □ 正規分布
- □ t分布
- □ 二項分布
- □ 不偏推定量の必要性
- □ 分散の最小化の意味

コラム 正規近似

区間推定や検定では，推定量の分布の情報が必要であるが，多くの場合，大標本であれば，正規分布に従うものとみなすことが多い。これは，中心極限定理とよばれる，データの和の分布が標本サイズnが大きくなると，正規分布で近似できることによるものである。すでに，本文中で引用しているが，Hoel (1981) では，標本サイズ$n=25$以上であれば，正規分布を用いた推論をしてもよいとしている。実際には，母集団分布に大きく依存し，対称な分布であれば，正規近似の近似精度が高く，そうでない分布に対しては，正規近似の精度が悪いのが一般的である。例として，(0, 1)の一様分布（対称），指数分布（非対称）について，$n=1, 2, 5$のとき，和をnで割った算術平均の確率密度関数を図示する。

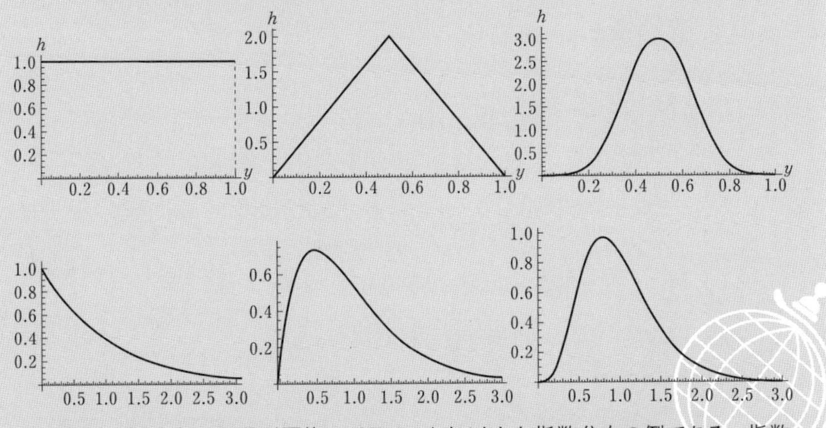

上段が一様分布，下段が平均のパラメータを1とした指数分布の例である。指数分布では，$n=5$ではまだ正規分布の特徴である左右対称性は有していない。これに対し，一様分布では正規分布に近いことが見てとれる。

6章

6.4 演習問題

［1］ 2012年女子バレーロンドン五輪最終予選出場者のデータを利用する。Windowsユーザはw-volleyballWin.Rを，Macユーザはw-volleyballMac.Rをダウンロードして，Rのウィンドウにドラッグアンドドロップすることによって，データフレームw.volleyballという名前でデータフレームが定義される。

⑴ 国ごとに正規分布を仮定して，平均と分散の点推定値を求めよ。

〈ヒント〉例として日本選手について求める。

[データw.volleyball内の変数にアクセスできるようにattach命令を実行する。使わなくなったときにはdetachする。]

```
> attach(w.volleyball)
> mean(身長[国名=="日本"])
[1] 175.85
> var(身長[国名=="日本"])
[1] 102.0289
```

⑵ 国ごとに正規分布を仮定して，平均に対する信頼水準90％と95％の区間推定をせよ。

〈ヒント〉例として日本選手について求める。

```
> t.test(身長[国名=="日本"],conf.level=0.90)
 One Sample t-test


data:  身長[国名 == "日本"]
t = 77.8566, df = 19, p-value < 2.2e-16
alternative hypothesis: true mean is not equal to 0
90 percent confidence interval:
171.9445 179.7555
sample estimates:
mean of x
  175.85
```

もし，表示だけでなく，結果を保存しておきたい場合には，次のようにする。

```
> ans=t.test(身長[国名=="日本"])
> ans$conf.int
[1] 171.1226 180.5774
```

```
attr(,"conf.level")
[1] 0.95
> ans$conf.int[1]
[1] 171.1226
> ans$conf.int[2]
[1] 180.5774
```

次のような関数を定義すれば，国ごとに選手の身長の平均の区間推定ができる。

```
confInt=function(x,conf.level=0.95){
 u=t.test(x,conf.level=conf.level)
 u$conf.int
}

> aggregate(身長,by=list(国名),FUN="confInt",0.95)
        Group.1      x.1      x.2
1         キューバ 179.1801 186.4866
2        セルビア 182.6799 189.6201
3           タイ 173.8434 178.6829
4 チャイニーズ台北 170.6457 176.6876
5          ペルー 174.2505 178.5495
6          ロシア 183.4449 191.6078
7           韓国 178.1382 184.2618
8           日本 171.1226 180.5774

> aggregate(身長,by=list(国名),FUN="confInt",0.90)
        Group.1      x.1      x.2
1         キューバ 179.8525 185.8142
2        セルビア 183.2832 189.0168
3           タイ 174.2659 178.2604
4 チャイニーズ台北 171.2018 176.1316
5          ペルー 174.6242 178.1758
6          ロシア 184.1575 190.8951
7           韓国 178.6705 183.7295
8           日本 171.9445 179.7555
```

`t.test`は平均がゼロの検定も同時に出力しているが，ここではこの結果は使わな

6
章

い。ここで，t = 77.8566 (t値) は，

```
> mean(身長[国名=="日本"])/(sd(身長[国名=="日本"])/sqrt(20))
[1] 77.85664
```

として計算できることも確かめる。また，信頼区間の下側信頼限界と上側信頼限界はそれぞれ，次のように計算できることも確かめる。

```
> (L=mean(身長[国名=="日本"])-(sd(身長[国名=="日本"])/sqrt(20))*qt
(1-0.1/2,19))
[1] 171.9445
> (R=mean(身長[国名=="日本"])+(sd(身長[国名=="日本"])/sqrt(20))*qt
(1-0.1/2,19))
[1] 179.7555
```

(3) 推定された各国の身長の平均値 (平均の点推定値) を比較するために，棒グラフにせよ。

```
〈ヒント〉 > u=aggregate(身長,by=list(国名),FUN="mean")
> u
        Group.1        x
1          キューバ 182.8333
2          セルビア 186.1500
3              タイ 176.2632
4 チャイニーズ台北 173.6667
5            ペルー 176.4000
6            ロシア 187.5263
7              韓国 181.2000
8              日本 175.8500
> u=u[order(u$x,decreasing=T),]
> u
        Group.1        x
```

[棒グラフをウィンドウの中に納める。] [国名を縦に表示する。]

```
6            ロシア 187.5263
2          セルビア 186.1500
1          キューバ 182.8333
7              韓国 181.2000
```

```
5              ペルー 176.4000
[国名を表示するマージンを広くとる。
]3              タイ 176.2632
8               日本 175.8500
4 チャイニーズ台北 173.6667

> par(mar=c(8,4,4,2)+0.1)
> barplot(u$x,names=(u$Group.1), ylim=c(150,190), las=3, xpd=FALSE,
ylab="身長", main="国ごとの平均身長")
```

[150cmの部分に水平線を描く。]

```
> abline(h=150)
```

(4) 推定された各国の身長の標準偏差を比較するために，(3)と同様にして棒グラフを作成せよ。

［2］ 平成21年度の民間給与所得者のデータ
(http://www.nta.go.jp/kohyo/tokei/kokuzeicho/minkan2009/minkan.htm)
について以下の問に答えよ。

データファイルはkyuyo21Win.R (Mac版はkyuyo21Mac.R) である。

(1) 男女別平均給与額を求めよ。また，この結果について考察せよ。
(2) 階級ごとの平均給与額を求め，表にせよ。
(3) 国税庁のホームページでは，個人情報保護の立場から，個人の給与額のデータはない。階層ごとに平均が等しくなる，仮想的な給与所得者のデータを作成し，そのデータに基づきメディアンを求めよ。(1)で計算した平均の結果と比較し考察せよ。
(4) (3)で作成した仮想的なデータから100人のデータをランダムに抽出し，信頼水準95％の信頼区間を求めよ。

【参考文献】

● Hoel, P. G. (1976). *Elementary Statistics*, John Wiley & Sons (浅井晃，村上正康訳，初等統計学，培風館，1981).

6
章

第 7 章  Chapter 7

仮説検定は背理法？～仮説検定の考え方

Key WORD　仮説検定，帰無仮説，対立仮説，棄却，有意水準，第1種の過誤，第2種の過誤，検出力，比の検定

この章の目的　本章では，統計学において主要な基本的テーマである仮説検定の基本的な考え方を理解し，特に正規母集団の母平均および2つの母集団の母平均の差に関する検定法について学ぶ。

この章の課題　厚生労働省の調査結果* では平成25年度に生まれた新生児は，男児が515,529人，女児が488,003人で計1,003,532人であった。このデータを見て，男の子の方が多く生まれるといってよいであろうか？　あるいは，男児と女児が生まれる比率が同じだとしてもこの程度の差はよくあることで，このデータだけから男児の方が多く生まれるというのは早計であるというべきか？

7.1 仮説検定の考え方

課題の解決

上記の課題のような問題に，客観的な判断を下すにはどうすればよいであろうか？　統計では，このような問題に仮説検定とよばれる論理的な思考手法を用いる。上記の問題には，下記の2つの異なる意見があると考えられる。

H_0：男児が生まれる確率 p は女児が生まれる確率と等しく $p=\dfrac{1}{2}$ である。

H_1：男児の方が多く生まれる。すなわち，$p>\dfrac{1}{2}$ である。

*　厚生労働省Webページの第3表-1人口動態総覧，都道府県（21大都市再掲）別を参照。

統計では，このように相反する2つの意見を仮説といい，H_0を**帰無仮説**，H_1を**対立仮説**という。

帰無仮説と対立仮説は，裁判の無罪，有罪の判決に対応すると考えることもできる。裁判では，「仮に無罪であると仮定すると○○○の証拠に矛盾する。したがって有罪である」というような論理的帰結を導く。

統計学においても，仮に帰無仮説が真であるとしようという仮定から論証を始め，その仮説のもとで起こる帰結を理論的(あるいは実証的)に導く。その理論的結果と実際にデータから得られた結果を比較して客観的な結論を得る。

仮説検定は，数学の証明における背理法とみなすこともできる。まず，帰無仮説を仮に真であると仮定しよう。その仮定のもとで得られる理論的帰結とデータから得られた結果が合致しないならば矛盾であるとして，帰無仮説を棄却するという考え方である。

上の問題で，帰無仮説$H_0：p=\frac{1}{2}$が真であると仮定する。このとき，男児あるいは女児が生まれる事象を，表と裏がそれぞれ$p=\frac{1}{2}$の確率で出るコイン投げに対応させ，コイン投げで表が出れば男児が生まれた，裏が出れば女児が生まれたと考えてみよう。

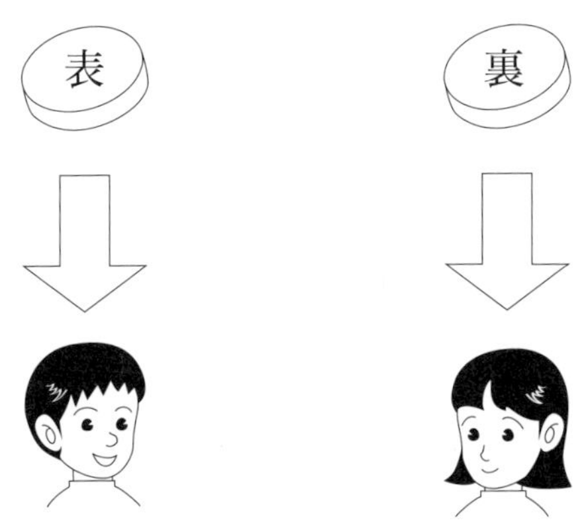

図7.1

このように対応させることは，男女の出生に関して，一人ひとりの子供が男児である事象と女児である事象は独立であると仮定しており，例えば一卵性双生児は想定していない。また，男の子(あるいは女の子)が生まれやすい家族はないということも仮定している。

このような想定のもとで，1,003,532回コインを投げる試行を行えば，平成25年に日本で新生児が生れた試行をシミュレートしたことになるであろうが，そんなに多くの回数のコイン投げは不可能である。しかし，幸いなことに現代の私たちはパソコンという便利な道具を持っており，パソコンを利用すれば100万回のコイン投げなど朝飯前である。

そこで，パソコンで，1と0の乱数を1,003,532回発生させ，そのうち，1の回数(表の回数，すなわち，男児の人数)を数える。この1,003,532回発生させる試行を100万回繰り返して各試行における表の回数を記録する。それをヒストグラムに表示したのが図7.2のグラフである。

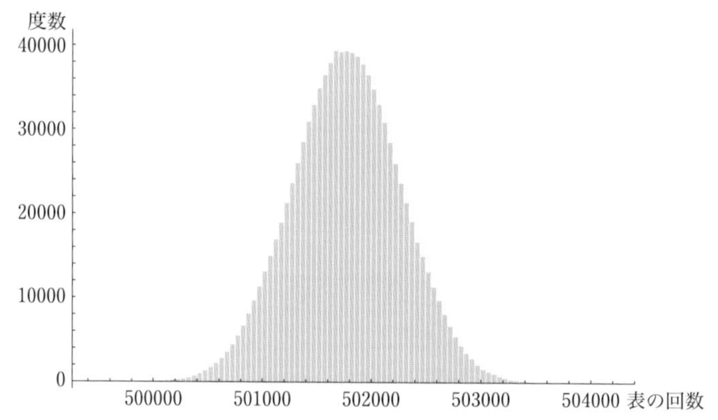

図7.2　コインを1,003,532回投げる試行を100万回繰り返したときの表の回数の分布

このヒストグラムを見ると，100万回の試行のうち，表が出る回数は多くても504,000回程度であり，それより多く表が出たことは一度もない。これを男女の出生比に適用すると，男児が51万人以上生まれることは100万年に1回も起こらないことになる。それほど非常にまれなことが平成25年に偶然起こったのであろうか？　そうではなく，もともと仮定した帰無仮説H_0：$p=\frac{1}{2}$が正しくなく，H_1：$p>\frac{1}{2}$であると考えるべきであろう。このような場合，帰無仮説は偽であると考え，**帰無仮説を棄却**するという。

このように，帰無仮説が真であると仮定して論証を進め，その帰結とデータとの整合性を調べることにより，帰無仮説の妥当性を客観的に調べることができる。

ところで，図7.2の分布は，第4章4.3節で学んだ$p=\frac{1}{2}$の二項分布であるが，

$n(=1,003,532)$が十分大きいとき，平均が$np=\dfrac{n}{2}$，分散が$np(1-p)=\dfrac{n}{4}$の正規分布で近似できることが知られている。実際に，図7.2の度数を相対度数に変換して，それに，正規分布$N\left(\dfrac{n}{2},\ \dfrac{n}{4}\right)$の密度関数を重ねてみると，図7.3のようにぴったり当てはまる。この性質は中心極限定理とよばれている(第6章のコラムおよび国沢編『確率統計演習1』の第6章参照)。

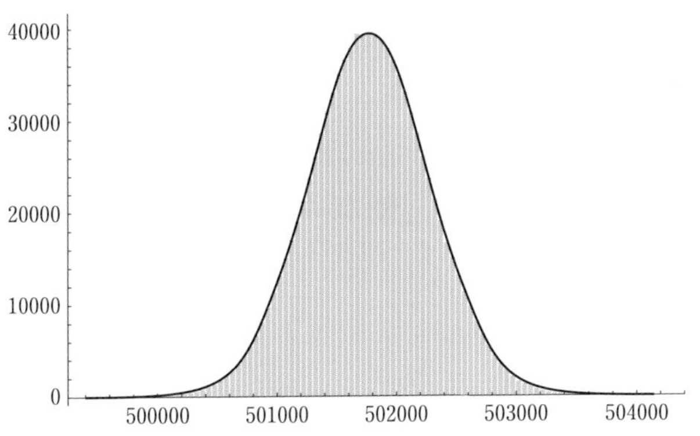

図7.3　図7.2の分布を相対度数にして，正規分布$N\left(\dfrac{n}{2},\dfrac{n}{4}\right)$を重ねたグラフ

そこで，確率を正確に計算するために数式処理ソフトウェアを用いて，正規分布$N\left(\dfrac{n}{2},\ \dfrac{n}{4}\right)$で男の子が平成25年の人数以上生まれる確率$P(X\geqq 515529)$を調べてみると，$P(X\geqq 515529)=1.63\times 10^{-166}$となり，10の166乗年に1，2度しか起こらない非常に小さい確率であることがわかる。宇宙のビッグバンが起こってから1.38×10^{10}年といわれているから，そのけた外れの小ささが理解できるであろう。

また，本節で見たように，最初，計算機を用いて1,003,532回のコイン投げのシミュレーションを100万回行ったが，nが大きいとき二項分布が正規分布で近似できることを用いれば，実は，計算機によるシミュレーションを行わずに正規分布から，$P(X\geqq 515{,}529)$，すなわち帰無仮説のもとで男の子が515,529人以上生まれる確率を見積もることができる。

7.2 仮説検定の手続き：有意水準

本章の最初の課題では平成25年の出生比のデータを用いて仮説検定の考え方を説明したが，本節では，次の問題を考えてみよう。

例題 7.1 ある町では，1年間に男児が515人，女児が488人，計1003人の新生児が生まれた。この町のデータだけから，男児が多く生まれるといってよいか？他の情報はないものとする。

この問題は，前節のデータを1000分の1にして，人工的に作ったデータであるが，この問題を前節と同様にコイン投げの試行に置き換えて考えてみよう。すなわち，帰無仮説H_0：$p=\dfrac{1}{2}$と対立仮説H_1：$p>\dfrac{1}{2}$を設定し，帰無仮説が真であると仮定しよう。このとき，男児の人数Xの分布は前節と同様に，正規分布$N\left(\dfrac{n}{2},\ \dfrac{n}{4}\right)$で近似できる。ただし，$n=1003$人である。本節ではシミュレーションを行うことはせずに，この確率を求めてみよう。

男の子が生まれる人数Xは平均が$\mu=\dfrac{n}{2}$，分散が$\sigma^2=\dfrac{n}{4}$の正規分布に従うので，Xを標準化すると

$$Z=\frac{X-\mu}{\sigma}=\frac{X-\dfrac{n}{2}}{\dfrac{\sqrt{n}}{2}}=\frac{2X-n}{\sqrt{n}} \tag{7.1}$$

は標準正規分布$N(0, 1)$に従う。

したがって，

$$\begin{aligned}P(X\geqq 515)&=P\left(\frac{X-\mu}{\sigma}\geqq\frac{515\times 2-1003}{\sqrt{1003}}\right)\\&=P\left(Z\geqq\frac{27}{31.67}\right)=P(Z\geqq 0.85)\end{aligned}$$

であり，正規分布表あるいはRで`pnorm(0.85,lower.tail=F)`として確率を求めると，$P(Z\geqq 0.85)=0.198$程度となる。この場合は，約2割程度の確率で男児が515人以上生まれることがわかり，帰無仮説H_0が真であるときに1003人のうち，男児が515人以上生まれることは5年に一度くらい起こり，さほど珍しいことではない。したがって，帰無仮説を棄却することに同意する人はあまりいないであ

ろう。

上記の0.198という値を統計学では**p値**とよぶ。我々は，p値の大小を見て判断を下すが，前節の例のようにp値が極端に小さい場合を除いて，ほとんど全員が帰無仮説を棄却することに同意するわけではないかもしれない。

そこで，統計学では，**有意水準**という客観的基準をあらかじめ設けて，p値が設定した有意水準より小さければ帰無仮説を棄却し，大きければ棄却できないと判断する。仮説検定の目的によるが，有意水準は通常，5％，1％などがよく用いられる。例えば，有意水準5％で帰無仮説が棄却される場合には有意水準5％で**有意である**という。言うまでもないが，あらかじめ合意のもとで有意水準を設定してから仮説検定を行うべきで，データからp値を求めてから有意水準を決めることは判断の客観性を失うことになる。

練習問題7.1

Zの期待値が0，分散が1になる理由を説明せよ。

ここで，帰無仮説と対立仮説について考えてみよう。

仮説検定を行うためには，データから何らかの関数を作って値を算出し，その値をもとに帰無仮説を棄却するか否かが決められるが，そのための関数を**検定統計量**（あるいは単に統計量）とよぶ。上記の場合には，(7.1) 式のZが統計量で，統計量は通常，その確率分布が理論的にわかっているものを使用する。(7.1) 式は近似的に標準正規分布$N(0, 1)$に従うことがわかっている。

仮説検定では，帰無仮説が真であるときに統計量Zの値がその領域に属することがまれであるような領域Rを選び，**棄却域**とする。

棄却域Rは

$$P(Z \in R) = \alpha\ (\text{有意水準})$$

となるように設定される。データから得られた統計量の値が棄却域に属したら，帰無仮説を棄却する。棄却域は，有意水準と対立仮説により決まる。

母数θに関する帰無仮説と対立仮説の組にはおおむね次の3種類が考えられる。

(i)　帰無仮説H_0：$\theta = \theta_0$　　対立仮説H_1：$\theta \neq \theta_0$

(ii)　帰無仮説H_0：$\theta = \theta_0$　　対立仮説H_1：$\theta > \theta_0$

(iii)　帰無仮説H_0：$\theta = \theta_0$　　対立仮説H_1：$\theta < \theta_0$

男児と女児の比率の問題では，θは男児が生まれる確率pに対応し，帰無仮説と対立仮説は

$$H_0 : p=\frac{1}{2} \qquad H_1 : p>\frac{1}{2} \tag{7.2}$$

であった。この場合は上記の(ii)の場合に対応する。そして，対立仮説H_1が真であれば男児の数Xが大きくなり，したがって，統計量Zの値は大きな値を取る確率が高くなる。したがって，棄却域は，Zの値がある限界値z_αを超えた領域，すなわち，$Z>z_\alpha$なる範囲となる。

有意水準を100×α%とすると，この棄却限界$z_{1-\alpha}$は図7.4にあるように，$P(Z>z_{1-\alpha})=\alpha$となる下側$(1-\alpha)$分位点で，この値は，Zが標準正規分布に従うので，標準正規分布表を用いて決めることができる。例えば，$\alpha=0.05$，0.01のとき，それぞれ$z_{1-\alpha}=1.64$，2.32くらいになる。

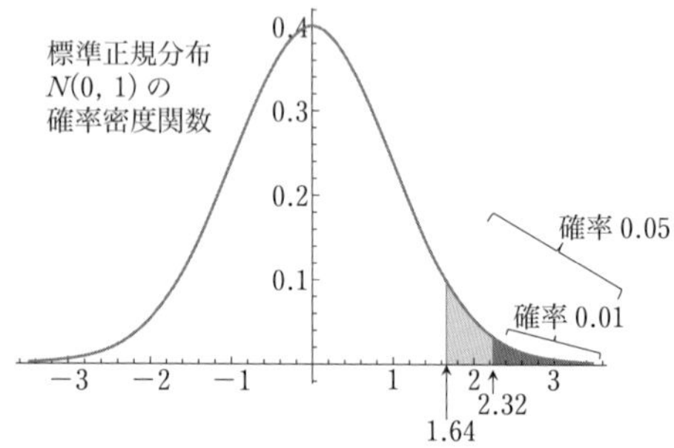

図7.4　片側検定の場合：$H_0 : p=\frac{1}{2}$，$H_1 : p>\frac{1}{2}$に対する棄却域

一つ注意をしておこう。図7.4では，確率分布の右側だけでなく，左側も確率が小さくなっているが，この領域はZの値が負の値となり，この場合には，男児の出生数が少なく女児の方が多く生まれることに対応しており，帰無仮説と対立仮説の組では，$p=\frac{1}{2}$か$p>\frac{1}{2}$かを問題にしているので，女児が多く生まれるというデータが得られた場合には，帰無仮説を棄却する理由にはならない。このように片側だけに棄却域が設けられる検定を**片側検定**という。

一方，論争が，$H_0 : p=\frac{1}{2}$（すなわち，男女比が同じ）という意見と$H_1 : p\neq\frac{1}{2}$（すなわち，男女比は違う）という仮説の組の場合には，有意水準5％とすると図7.5のように両側に2.5％ずつの棄却域を取る。この場合は**両側検定**とよばれる。

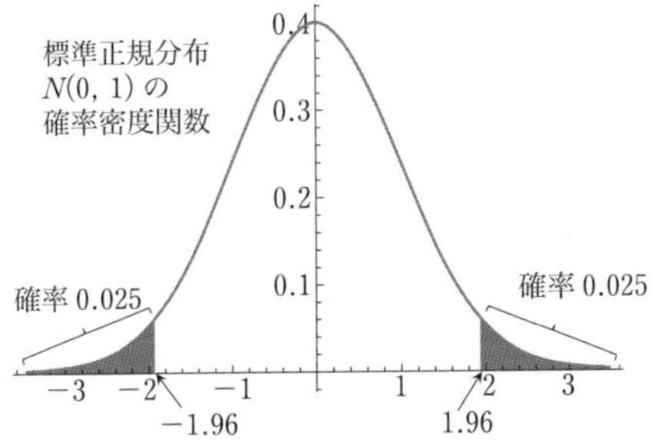

図7.5　両側検定の場合：H_0：$p=\frac{1}{2}$，H_1：$p\neq\frac{1}{2}$ に対する棄却域

棄却域は対立仮説に依存して決まることに注意しよう。

7.3　第2種の過誤と検出力関数

統計的仮説検定では，2種類の過誤を考える。1つは，帰無仮説が真であるのに誤って棄却してしまう過誤である。男女の出生比の問題では，帰無仮説が真のときの分布は図7.4のようになり，小さい確率であるが，帰無仮説が真であっても棄却域に入ってしまうデータが得られ，誤って帰無仮説を棄却してしまうことがある。この誤りを**第1種の過誤**という。第1種の過誤の確率は，図7.4の0.05，0.01のような確率で有意水準と一致する。

一方，帰無仮説が偽であるのに，帰無仮説を棄却しない誤りもある。この誤りを**第2種の過誤**という。

もう一度，男女の出生比の例を考えてみよう。有意水準を α とし，帰無仮説と対立仮説を H_0：$p=\frac{1}{2}$，H_1：$p>\frac{1}{2}$ とする。このとき，帰無仮説 H_0 のもとでの統計量 Z の分布は図7.6の太線の分布であり，第1種の過誤の確率は図7.6の棄却域 $Z>z_{1-\alpha}$ に入る確率（一番濃い影の部分の確率）であるから，有意水準と同じ α である。一方，帰無仮説が真でないとすると，真の p の値は，$p>\frac{1}{2}$ の範囲にある。図7.6にあるように，帰無仮説が真でないのに棄却しない確率，すなわち第2種の過誤の確率はその他の網かけ部分の確率であり，この確率は，真の p の値ごとに異なり，p の関数となる。$p=p_1$ のときと $p=p_2$ のときの第2種の過誤の確率を比較すると，p が $\frac{1}{2}$ より大きいときは第2種の過誤の確率は小さいが，$\frac{1}{2}$ に近くな

7
章

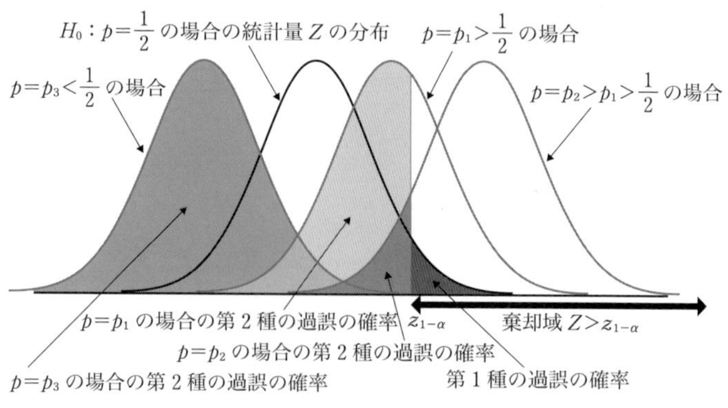

図7.6　第1種と第2種の過誤の確率

るに従い過誤の確率が大きくなり，$p<\frac{1}{2}$のときは第2種の過誤の確率がさらに大きくなり1に近づいていくことがわかる。しかし，対立仮説が$H_1: p>\frac{1}{2}$のときは，$p>\frac{1}{2}$だけを問題にしているので，$p<\frac{1}{2}$のときは，対立仮説H_1は帰無仮説よりさらに適切でない主張であり，この場合は帰無仮説を棄却する理由はない。

男児が生まれる真の確率が$p \neq \frac{1}{2}$のもとで，帰無仮説を棄却する確率を**検出力**というが，検出力は真のpごとに異なりpの関数となる。検出力関数は条件付き確率を用いて

$$\varphi(p)=1-P\left(\text{第2種の過誤}\,\middle|\,\text{真の確率が}\,p\right)$$

とも書けるが，$\varphi(p)$をグラフに表すと，図7.7のようになる。

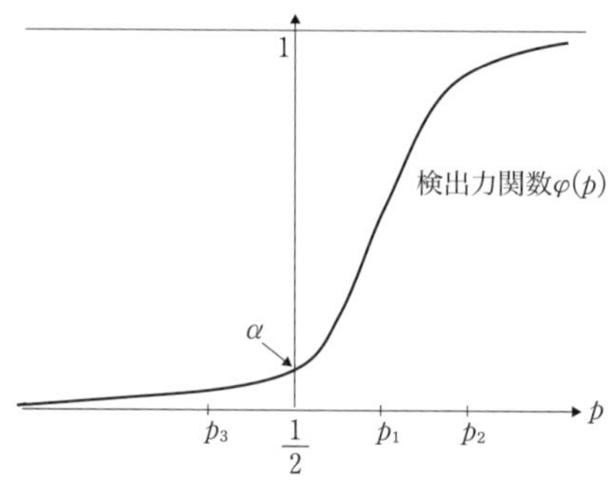

図7.7　検出力関数

練習問題7.2

図7.6と同様に，棄却域を$Z<-z_{1-\alpha}$とした場合に，真のpの値がp_1，p_2，p_3，p_4(ただし，$p_4<p_3<\frac{1}{2}<p_1<p_2$)の場合を考えて，検出力関数のグラフが図7.9の「下側棄却域：(iii) $Z<-z_{1-\alpha}$」のようになることを説明せよ。また，$p=\frac{1}{2}$のとき，有意水準αと一致するのはなぜであろうか？

次に，第2種の過誤の確率や検出力と棄却域の定め方との関係を見てみよう。式(7.2)の帰無仮説と対立仮説に対して，我々は，棄却域を$Z>z_{1-\alpha}$なる領域に定めたが，図7.5のように両側に定めるとどうか？　図7.8では，太い両側矢印の棄却域が両側に確率$\frac{\alpha}{2}$ずつ取られている。$p=p_1$のときの第2種の過誤の確率は片側に棄却域を取った図7.6より大きくなっている。一方，$p=p_3<\frac{1}{2}$の場合は，図7.6の場合より小さくなる。

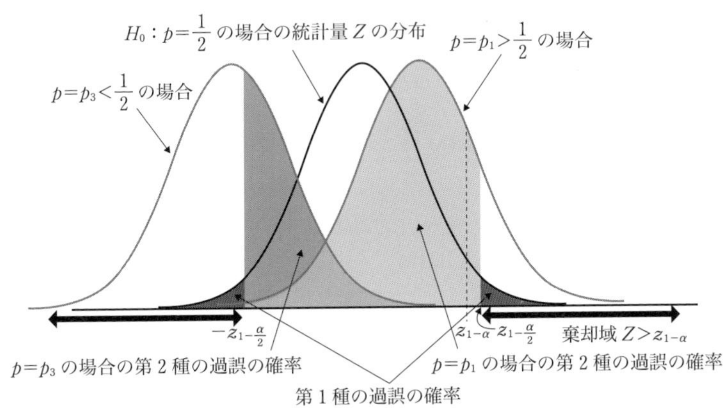

図7.8　第2種の過誤の確率：両側に棄却域を取った場合

逆に，棄却域を$Z<-z_{1-\alpha}$なる領域に定めると，第2種の過誤や検出力関数は$Z>z_{1-\alpha}$のときと対称な形になる。棄却域をそれぞれ(i) $|Z|>z_{1-\frac{\alpha}{2}}$, (ii) $Z>z_{1-\alpha}$, (iii) $Z<-z_{1-\alpha}$とした場合の検出力関数をグラフに表すと図7.9のようになる。

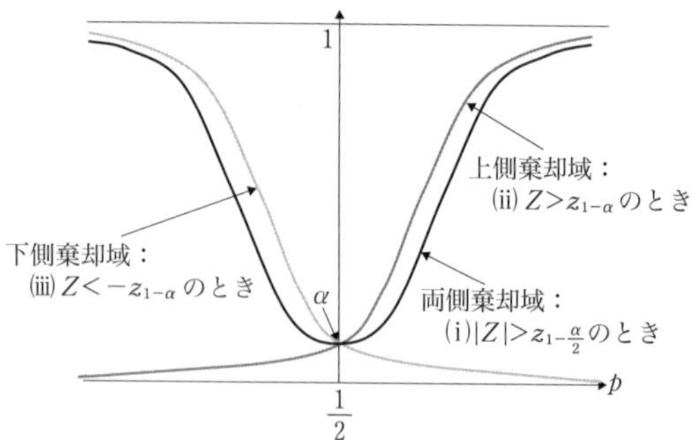

図7.9　棄却域による検出力関数 $\varphi(p)$ の違い

したがって，検出力を大きくするため，仮説が

(i)　$H_0: p=\dfrac{1}{2}$　　$H_1: p\neq\dfrac{1}{2}$

(ii)　$H_0: p=\dfrac{1}{2}$　　$H_1: p>\dfrac{1}{2}$

(iii)　$H_0: p=\dfrac{1}{2}$　　$H_1: p<\dfrac{1}{2}$

のそれぞれの場合について，棄却域をそれぞれ，(i) $|Z|>z_{1-\frac{\alpha}{2}}$，(ii) $Z>z_{1-\alpha}$，(iii) $Z<z_{1-\alpha}$ と取ればよいことがわかる。これは7.2節で述べたことと一致しており直観的にも納得できるであろう。

理解の確認ポイント　Point

- □　帰無仮説，対立仮説の設定のしかた
- □　仮説検定と背理法の関係
- □　有意水準の意味
- □　帰無仮説の棄却
- □　第1種の過誤，第2種の過誤，有意水準，検出力の関係
- □　両側検定，片側検定を用いる場合とその理由
- □　仮説検定の対立仮説のちがいによる棄却域の取り方

コラム

出生数と出生比

厚生労働省のWebページには，明治以来の子供の出生データが記されており，1899年から2014年までの日本の出生数をグラフに表すと下図のようになる。実線は総数，太い実線は男児，点線は女児の数である。毎年，必ず男児のほうが多く生まれているのがわかるだろう。

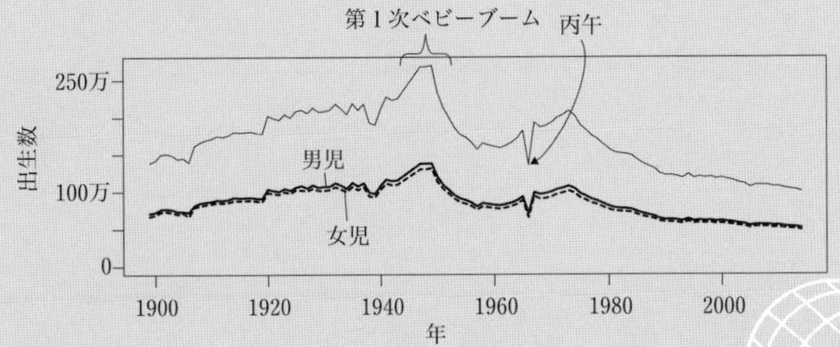

1899年（明治32年）当時は139万人程度，第1次ベビーブームのころには260〜270万人の新生児が生まれている。少子化に伴い，2014年には100万人まで減少している。その間，常に男児のほうが女児より多く生まれているが，この傾向は日本人だけでなく，人類全体の傾向である。（国際連合世界人口年鑑など参照）

7.4 演習問題

第6章の例題6.2にあるプロ野球チームAがある年に144試合中80勝したとある。各チームの戦力が毎年変わらないとすると，このチームAが勝つ確率pは5割を超えていると言ってよいか？　あるいは，この年は偶然勝率が5割を超えただけであり，チームAが一試合で勝つ確率は5割より大きいとまでは言い切れないか検定したい。次の問いに答えよ。

(1) 帰無仮説(H_0)と対立仮説(H_1)をpの式で表せ。

(2) $n=144$試合中，このチームの勝ち試合の数をXとし，$P(X=k)$を求めよ。また$E[X]$，$Var[X]$を求めよ。

(3) nが十分大きいとき，Xはどのような分布に近づくか？

(4) $Z=\dfrac{X-E[X]}{\sqrt{Var[X]}}$はどのような分布に近づくか？

(5) 有意水準5％で，(1)の仮説検定を行え。

【参考文献】

- Hoel, P. G. (1976). *Elementary Statistics*, John Wiley & Sons (浅井晃, 村上正康訳, 初等統計学, 培風館, 1981).
- 国沢清典編 (1996). 確率統計演習 1：確率, 培風館.

母平均を比較しよう～正規母集団の場合

Key WORD

正規母集団の平均の検定，1標本t検定，対標本の平均の差の検定，2標本t検定

この章の目的

本章では，現実のデータ解析の際によく現れる正規母集団の母平均に関する仮説検定および2つの母集団の母平均の差に関する検定法を学ぶ。

この章の課題

人は時計を見ずに30秒を正確に数えられるであろうか？　このことを調べるためにAさんがこの試行を行い，次の10個のデータが得られた。

31.5，34.5，28.5，33.0，29.0，28.0，32.5，28.0，31.5，32.0

このデータを見て，Aさんの数える30秒の平均値μは30秒と言っていいかどうか判定せよ。

8.1　1標本t検定―正規母集団の母平均の仮説検定―

課題の解決

Aさんが30秒をn回数えるとし，その測定値を$X_1, \cdots, X_n$(秒)とする。各X_iは独立でいずれも正規分布$N(\mu, \sigma^2)$に従うと考える。すなわち，Aさんの測定値は正規母集団$N(\mu, \sigma^2)$からの標本であるとみなすことにする。帰無仮説と対立仮説は，

$$H_0 : \mu = 30 \qquad H_1 : \mu \neq 30 \tag{8.1}$$

である。ここで，$\overline{X} = \frac{1}{n}\sum_{i=1}^{n} X_i$は正規分布に従う確率変数の一次結合であるので，正規分布に従い，その平均，分散は，それぞれ

$$E[\overline{X}]=E\left[\frac{1}{n}\sum_{i=1}^{n}X_i\right]=\frac{1}{n}\sum_{i=1}^{n}E[X_i]=\mu$$

$$Var[\overline{X}]=Var\left[\frac{1}{n}\sum_{i=1}^{n}X_i\right]=\frac{1}{n^2}\sum_{i=1}^{n}Var[X_i]=\frac{\sigma^2}{n}$$

となる。したがって，$\overline{X}$は$N\left(\mu, \dfrac{\sigma^2}{n}\right)$に従い，帰無仮説のもとでは$\mu=30$であるので

$$Z=\frac{\overline{X}-E[\overline{X}]}{\sqrt{Var[\overline{X}]}}=\frac{\overline{X}-30}{\sqrt{\dfrac{\sigma^2}{n}}} \tag{8.2}$$

は標準正規分布に従う。したがって，データからZの値を求めて，標準正規分布におけるp値をもとに仮説検定をすればよいが，母分散σ^2は未知であるので，σ^2を何らかの形で推定しなければならない。

正規母集団におけるσ^2の不偏推定量は第6章で

$$\hat{\sigma}^2=\frac{1}{n-1}\sum_{i=1}^{n}(X_i-\overline{X})^2$$

で与えられている。(8.2) 式のσ^2を$\hat{\sigma}^2$でおきかえた

$$T=\frac{\overline{X}-30}{\sqrt{\dfrac{\hat{\sigma}^2}{n}}}$$

は自由度$n-1$のt分布に従うことが知られている（章末の参考文献など参照)。

このTを検定統計量として用いて，標本からTの値を求めて，そのp値を得ることにより，仮説検定が行える。

実際，Aさんが30秒を測ったデータでは，標本の大きさが$n=10$であり，帰無仮説，対立仮説は (8.1) のとおりであるので，両側検定を行い，両側に棄却域を取ればよい。“この章の課題”の標本から，$\overline{X}$および$\hat{\sigma}^2$の実現値を求めるとそれぞれ，標本平均は$\hat{\mu}=\bar{x}=30.85$であり，不偏分散は$\hat{\sigma}^2=5.336$である。ゆえに，Tの値は

$$t=\frac{\bar{x}-30}{\sqrt{\dfrac{\hat{\sigma}^2}{n}}}=1.16$$

となり，そのp値，すなわち$p=P(|T|\geqq 1.16)=0.27$となる (図8.1参照)。したがって，p値0.27は有意水準10％で両側5％の棄却限界を超えないのでH_0は棄却されず，Aさんの30秒のカウントの平均値は30秒から外れているとはいえない。もちろん，有意水準5%，1％でもH_0は棄却されない。

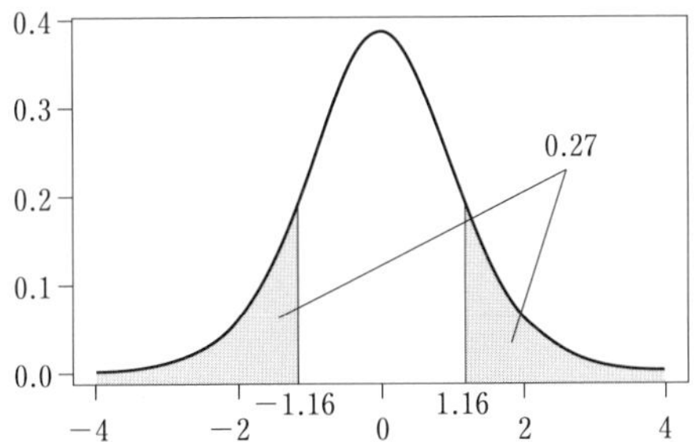

図8.1　自由度9のt分布における$p=P(|T|\geqq 1.16)$の値

このように1つの母集団からの標本に関する仮説検定を**1標本t検定**(one sample t-test)という。

注意：“1標本”という表現はデータが1個しかないと誤解するかもしれないが，統計でいう“標本”は同じ母集団から抽出された複数のデータの集合であり，“1”というのは，1つの母集団からの標本という意味であることを注意しよう。

Rでは，データを

```
> a30=c(31.5, 34.5, 28.5, 33.0, 29.0, 28.0, 32.5, 28.0, 31.5, 32.0)
```

と入力すると，上記の検定の各値は，`mean(a30)`(=30.85)，`var(a30)`(=5.336)で標本平均と標本不偏分散が計算され，`tvalue=(mean(a30)-30)/sqrt(var(a30)/10)`でT値が，そして，`pt(tvalue, df=9, lower.tail=F)*2`でp値0.27が得られる。また，いちいちこれらを計算せずに一気にt検定を行ってくれる関数もあり，

```
> t.test(a30, mu=30, alternative="two.sided")
```

とすれば検定結果が得られる。ただし，`alternative`は対立仮説の意味であり，`two.sided`は両側検定を意味する。したがって，この場合，対立仮説はH_1：$\mu \neq 30$である。Rの使用法については第15章15.4節も参照せよ。

8
章

練習問題8.1

あなたは正確に30秒数えられるであろうか？　時計を見ずに30秒数える試行を10回繰り返し，その結果，あなたが数えた30秒が実際に何秒だったか記録してみよう。ただし，各回の試行が独立となるように誰か他の人に測定結果を記録してもらって，数えている本人は最後まで途中の結果を知らないようにしよう。

8.2 対標本の場合の2標本t検定

例を用いて説明する。

本州では，夏暑い地域としてしばしば，埼玉県熊谷市と岐阜県多治見市が挙げられる。この2つの市の2015年7月20日から8月19日までの31日間の夏の最高気温は気象庁のWebページによると，表8.1のとおりである。

表8.1　熊谷市と多治見市の最高気温（2015年7月20日～8月19日）

月日	7/20	21	22	23	24	25	26	27	28	29	
熊谷市	34.8	36.4	37.1	32.7	35.9	37.1	38.2	37.1	34.9	34.7	
多治見市	36.3	33.7	28.7	26.0	35.1	36.6	37.1	35.5	36.9	37.4	
差	−1.5	2.7	8.4	6.7	0.8	0.5	1.1	1.6	−2.0	−2.7	
月日	30	31	8/1	2	3	4	5	6	7	8	
熊谷市	34.2	37.0	38.3	37.5	36.6	37.5	38.0	38.2	38.6	34.0	
多治見市	36.1	38.4	39.9	39.2	38.0	38.0	37.1	34.9	38.4	37.3	
差	−1.9	−1.4	−1.6	−1.7	−1.4	−0.5	0.9	3.3	0.2	−3.3	
月日	9	10	11	12	13	14	15	16	17	18	19
熊谷市	34.1	34.4	35.7	34.6	32.6	31.0	34.4	33.2	26.0	34.2	33.8
多治見市	36.8	38.5	37.3	35.0	30.8	34.6	35.9	35.5	30.6	34.7	33.3
差	−2.7	−4.1	−1.6	−0.4	1.8	−3.6	−1.5	−2.3	−4.6	−0.5	0.5

このデータについて，熊谷市と多治見市の最高気温の平均値をμ_1，μ_2とし，毎日の最高気温は独立でそれぞれ正規分布$N(\mu_1, \sigma_1{}^2)$，$N(\mu_2, \sigma_2{}^2)$に従うと仮定して，熊谷市の最高気温と多治見市の最高気温に差があるか否かの仮説検定を行いたい。

帰無仮説H_0：$\mu_1=\mu_2$（熊谷と多治見の最高気温には差がない）

対立仮説H_1：$\mu_1\neq\mu_2$（熊谷と多治見の最高気温には差がある）

熊谷市と多治見市のある日の最高気温をそれぞれX，Yとすると，X，Yはそれぞれ，正規分布$N(\mu_1, \sigma_1{}^2)$，$N(\mu_2, \sigma_2{}^2)$に従うので，その差$D=X-Y$は正規分布$N(\mu_1-\mu_2, \sigma_1^2+\sigma_2{}^2)$に従う。したがって，この場合，表8.1の差の平均値が0であるか否かを検定すればよい。これは，8.1節の正規分布の平均の検定問題に帰着する。したがって，差のデータを用いて，

帰無仮説H_0：$\mu=\mu_1-\mu_2=0$（熊谷と多治見の最高気温には差がない）

対立仮説H_1：$\mu=\mu_1-\mu_2\neq 0$（熊谷と多治見の最高気温には差がある）

の検定を行えばよい。

$n=31$日間の差をx_1，…，x_nとすると，8.1節におけるT値は，データを`x`とすると，標本平均は`mean(x)`，標本不偏分散`var(x)`はそれぞれ-0.348，8.175となり，t値`tvalue=mean(x)/(sqrt(var(x)/31))`は-0.678である。そして，そのp値は`pt(tvalue, df=30)`によって求まり，0.25となる。すなわち，Tの値は-0.678であり，$P(|T|\geqq 0.678)=0.50$であるから，$|T|$の値が0.678以上になる確率は50％程度であり，帰無仮説が真であるとして頻繁に起こり得る値である。実際，有意水準5％の場合，$P(|T|>2.04)=0.05$であるから，$T=-0.678$は両側棄却域$|T|>2.04$に入らない。ゆえに，有意水準5％で熊谷市と多治見市の最高気温に差があるとはいえないという結論が得られる。

Rには，2標本の仮説検定を行える関数が用意されており，上記の検定は，熊谷市と多治見市の最高気温のデータをそれぞれ，`x`，`y`とし，

```
t.test(x, y, alternative="two.sided", paired=T)
```

とすれば計算できる。また，`paired=T`は対標本であることを意味する。

練習問題8.2

2015年7月20日から8月19日までの東京の最高気温は

33.5，34.9，32.8，30.4，33.9，33.1，35.8，35.0，34.1，32.5，34.3，35.0，
35.3，35.1，35.0，35.1，35.2，35.9，37.7，32.6，33.4，31.9，35.5，33.7，
30.5，31.8，33.1，31.9，28.0，31.9，31.4

であった。熊谷の最高気温は東京より高いといえるか有意水準1％で仮説検定せよ。

8章

コラム

気象庁のWebページには観測史上の最高気温のランキングが記載されている。それによると，2016年1月までのランキングは

順位	都道府県	地点	観測値℃	起きた日
1	高知県	江川崎	41.0	2013年8月12日
2	埼玉県	熊谷	40.9	2007年8月16日
〃	岐阜県	多治見	40.9	2007年8月16日
4	山形県	山形	40.8	1933年7月25日
5	山梨県	甲府	40.7	2013年8月10日
6	和歌山県	かつらぎ	40.6	1994年8月8日
〃	静岡県	天竜	40.6	1994年8月4日
8	山梨県	勝沼	40.5	2013年8月10日
9	埼玉県	越谷	40.4	2007年8月16日
10	群馬県	館林	40.3	2007年8月16日
〃	群馬県	上里見	40.3	1998年7月4日
〃	愛知県	愛西	40.3	1994年8月5日

となっていて，熊谷市，多治見市はいずれも高知県四万十市江川崎に次いで2位である。多治見駅の南口には，温度計がモニュメントとして建てられていることも全国的に有名になった。これらの3市は毎年，フェイスブック上で暑さ日本一を競って戦いを繰り広げているとか…。今後の勝敗を見守っていこう。

8.3 対でない標本の場合の2標本 t 検定

例を用いて説明する。

Aさんは，毎日，上り，下りがある通勤路を車で通勤しているが，行きの方が帰りより燃費が悪いように感じている。そこで，往路と復路のデータを測定したところ，表8.2のように往路 $m=9$ 個，復路 $n=10$ 個計19個の燃費のデータが得られた。果たして，往路と復路で燃費に差があるといえるか有意水準5％で仮説検定してみよう。

表8.2　Aさんの車の燃費データ（単位：km/リットル）

往路	17.9，18.4，18.1，17.6，17.9，17.6，18.8，17.4，18.0
復路	18.4，18.6，17.0，18.2，18.2，17.9，19.2，18.1，18.3，18.6

まず，往路と復路の燃費がそれぞれ正規分布 $N(\mu_1, \sigma_1{}^2)$，$N(\mu_2, \sigma_2{}^2)$ に従うとす

ると，帰無仮説と対立仮説は，

$$H_0 : \mu_1 = \mu_2$$
$$H_1 : \mu_1 < \mu_2$$

この場合は，往路と復路のデータが対になっていないため，前節の対標本の検定法は使えない。往路，復路の燃費を$X_1, \cdots, X_m$；$Y_1, Y_2, \cdots, Y_n$とすると，往路と復路の平均の差$\overline{X}-\overline{Y}$を用いて検定統計量を作るのがよいであろう。ここで，各$\{X_i\}$，$\{Y_j\}$は独立でX_iは$N(\mu_1, \sigma_1{}^2)$に従い，Y_jは$N(\mu_2, \sigma_2{}^2)$に従うとすると，その一次結合である$\overline{X}-\overline{Y}$も正規分布に従い，帰無仮説のもとでその期待値は

$$E[\overline{X}-\overline{Y}]=E[\overline{X}]-E[\overline{Y}]=\mu_1-\mu_2=0$$

であり，分散は

$$Var[\overline{X}-\overline{Y}]=Var[\overline{X}]+Var[\overline{Y}]=\frac{\sigma_1{}^2}{m}+\frac{\sigma_2{}^2}{n}$$

である。よって，帰無仮説のもとで，$\overline{X}-\overline{Y}$は正規分布$N\left(0,\ \frac{\sigma_1{}^2}{m}+\frac{\sigma_2{}^2}{n}\right)$に従う。ゆえに

$$Z=\frac{\overline{X}-\overline{Y}}{\sqrt{\frac{\sigma_1{}^2}{m}+\frac{\sigma_2{}^2}{n}}} \tag{8.3}$$

は標準正規分布$N(0, 1)$に従う。

以下，母分散$\sigma_1{}^2$と$\sigma_2{}^2$が等しいと考えられる場合とそうでない場合について仮説検定の方法を述べる。

8.3.1 等分散性が仮定できる場合

ここでは，$\sigma_1{}^2=\sigma_2{}^2=\sigma^2$の場合を考える。このとき，$\overline{X}-\overline{Y}$は正規分布$N\left(0,\ \sigma^2\left(\frac{1}{m}+\frac{1}{n}\right)\right)$に従う。ゆえに，帰無仮説のもとで，

$$Z=\frac{\overline{X}-\overline{Y}}{\sqrt{\sigma^2\left(\frac{1}{m}+\frac{1}{n}\right)}} \tag{8.4}$$

は標準正規分布$N(0, 1)$に従う。ところで，$\{X_i\}$，$\{Y_j\}$の分散の不偏推定量をそれぞれ，

$$\hat{\sigma}_1{}^2=\frac{1}{m-1}\sum_{i=1}^{m}(X_i-\overline{X})^2, \qquad \hat{\sigma}_2{}^2=\frac{1}{n-1}\sum_{j=1}^{n}(Y_j-\overline{Y})^2$$

とおくと，共通の分散σ^2の不偏推定量は

8
章

$$\hat{\sigma}^2=\frac{1}{m+n-2}((m-1)\hat{\sigma}_1{}^2+(n-1)\hat{\sigma}_2{}^2)$$

と書ける。実際,

$$E[\hat{\sigma}^2]=\frac{1}{m+n-2}((m-1)E[\hat{\sigma}_1{}^2]+(n-1)E[\hat{\sigma}_2{}^2])$$
$$=\frac{1}{m+n-2}((m-1)\sigma^2+(n-1)\sigma^2)=\sigma^2$$

である。(8.4) 式においてσ^2を$\hat{\sigma}^2$におきかえると

$$T=\frac{\overline{X}-\overline{Y}}{\sqrt{\hat{\sigma}^2\left(\frac{1}{m}+\frac{1}{n}\right)}}$$

は自由度$m+n-2$のt分布に従うことが知られている。このTを用いて,仮説検定を行ってみよう。

対立仮説$H_1:\mu_1<\mu_2$が真のとき,Tの値は,負の値を取るであろうから,棄却域は,$T<-t_{0.05}(m+n-2)$と取ればよい。ここで,$t_\alpha(k)$は自由度kのt分布において$P(T<-t)=\alpha$となるtの値である。例題の場合,$m=9$,$n=10$であり,2つの母集団からの標本をそれぞれx,yとして,Rを用いてx,yの標本平均,標本不偏分散を求めると,

```
mean(x)=17.97, mean(y)=18.25, var(x)=0.1875, var(y)=0.32
```

となり,σ^2の不偏推定値は

```
S2=(var(x)*(m-1)+var(y)*(n-1))/(m+n-2)=0.2579
```

である。これよりTの値を求めると,

```
tvalue=(mean(x)-mean(y))/sqrt((S2*(1/m+1/n)))=-1.21
```

であり,そのp値は0.12となる(上記のRの出力は見やすくするために,値を丸めて記載してあることに注意)。

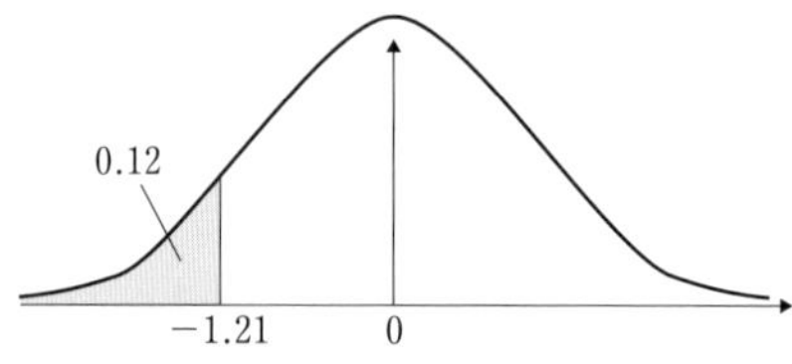

図8.2 自由度17のt分布

したがって，有意水準5％で帰無仮説を棄却することはできず，このデータからは往路のほうが燃費が悪いとはいえない。本節の検定法を**2標本問題に対するスチューデントのt検定**とよぶ。

Rで2標本t検定を行うには

```
t.test (x, y, alternative="less", var.equal=T, conf.level=0.95)
```

とすると結果が得られる。ここで`alternative="less"`は$H_1：\mu<0$なる片側検定を，そして`var.equal=T`は$\sigma_1{}^2=\sigma_2{}^2=\sigma^2$（等分散）を意味する。

練習問題8.3

前節の熊谷と多治見の最高気温は対標本であったが，それを対標本と見なさず，それぞれ31個ずつの大きさの2標本問題として本節のスチューデントのt検定を用いた場合の棄却域と対標本と見なした場合の棄却域を比較せよ。このことより，対標本であるにもかかわらず本節のスチューデントのt検定を用いた場合のデメリットを述べよ。

8.3.2 等分散性の検定

さて，上記の検定では，$\sigma_1{}^2=\sigma_2{}^2$という前提のもとに仮説検定を行ったが，この仮定を置くことの妥当性を確認する必要があるだろう。

ここでは，8.3.1節において，等分散性を仮定してよいか否か仮説検定を行う方法を考える。帰無仮説と対立仮説は

$$H_0：\sigma_1{}^2=\sigma_2{}^2$$
$$H_1：\sigma_1{}^2\neq\sigma_2{}^2$$

である。ここで

$$\hat{\sigma}_1{}^2=\frac{1}{m-1}\sum_{i=1}^{m}(X_i-\overline{X})^2, \qquad \hat{\sigma}_2{}^2=\frac{1}{n-1}\sum_{j=1}^{n}(Y_j-\overline{Y})^2$$

はそれぞれ，$\sigma_1{}^2$，$\sigma_2{}^2$の不偏推定量であるから，帰無仮説のもとで$F=\dfrac{\hat{\sigma}_1{}^2}{\hat{\sigma}_2{}^2}$は自由度対$(m-1, n-1)$の$F$分布に従うことが知られている。したがって，帰無仮説が真であれば，Fの値は1に近くなり，そうでなければ1から離れた値となる。したがって，この場合，有意水準5％の棄却域は$P(F<f_1)=0.025$，$P(F>f_2)=0.025$となるようにf_1, f_2を決めればよい。$m=9$，$n=10$であることに注意してRを用

いると，この値f_1，f_2は`qf(0.025, m-1, n-1)`および`qf(0.975, m-1, n-1)`によって得られ，$f_1=0.229$，$f_2=4.10$となる。一方，データから得られたFの値は0.58であり，$f_1=0.229<0.58<f_2=4.10$であるから，等分散であるという帰無仮説は有意水準5％で棄却されない。したがって，8.3.1節の仮説検定で等分散性を仮定したことは妥当であったことが確認された。

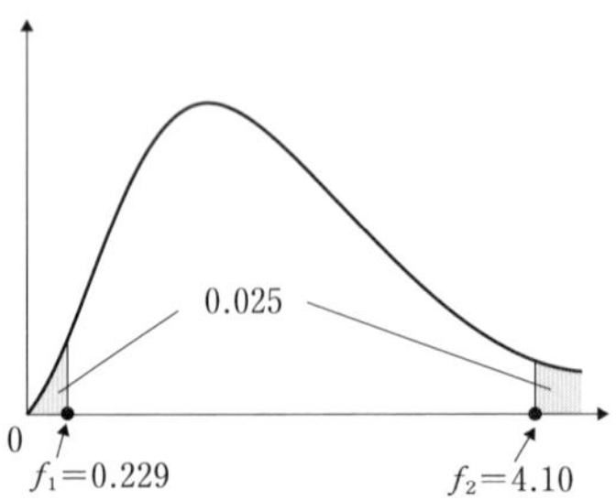

図8.3　自由度対(8, 9)のF分布

8.3.3 等分散性が仮定できない場合

では，等分散性が仮定できない場合は2標本問題の仮説検定はどうすればよいであろうか？　この場合には，ウェルチ（Welch）検定という検定方式がある。ウェルチ検定では，検定統計量に

$$T=\frac{\overline{X}-\overline{Y}}{\sqrt{\frac{{s_1}^2}{m}+\frac{{s_2}^2}{n}}}$$

を用いる。このTは，(8.4)において，${\sigma_1}^2$，${\sigma_2}^2$をそれらの不偏推定値${s_1}^2$，${s_2}^2$で置き換えたものであり，標本数m, nが大きいとき，漸近的に自由度

$$\nu=\frac{\left(\frac{{s_1}^2}{m}+\frac{{s_2}^2}{n}\right)^2}{\frac{{s_1}^4}{m^2(m-1)}+\frac{{s_2}^4}{n^2(n-1)}}$$

のt分布に従うことが知られている。

前節の例の場合には，等分散性が仮定できたので，ウェルチ検定を用いる必要はないが，仮にウェルチ検定を用いるとどうなるか調べてみよう。Rによると，この場合のt値と自由度はそれぞれ，

```
tvalue=(mean(x)-mean(y))/(sqrt(s1^2/m+s2^2/n))
nu= (s1^2/m+s2^2/n)^2/(s1^4/(m^2*(m-1))+s2^4/(n^2*(n-1)))
```

によって求まり，t値は-1.23，自由度は$\nu=16.6$となる。自由度16.6，t値-1.23に対するp値は`pt(tvalue, nu)=0.117`となり，ウェルチ検定でも行きと帰りの燃費が異なるという結論は得られない。

8.3.4 スチューデントのt検定とウェルチ検定の差

前節の例の場合，ウェルチ検定では，t分布の自由度は$\nu=16.6$であるが，整数値でなくてもよいことに注意しよう。また，ウェルチ検定の場合，自由度νは等分散の場合の自由度$m+n-2$より少し小さくなる傾向がある。したがって，標本のサイズが小さいときにはt分布の裾が長くなるため，もしt値が同じであれば，検出力は若干低くなるであろうことが予想される。

どの程度の差があるかを見るために2つの正規母集団の分散をいずれも1として，母平均が0から3異なる場合に，標本サイズが (a)いずれも5の場合と，(b)一方が5で他方が10の場合，(c)ともに10の場合の3通りについてRを用いてシミュレーションを行い，検出力を調べたところ，図8.4の結果を得た。

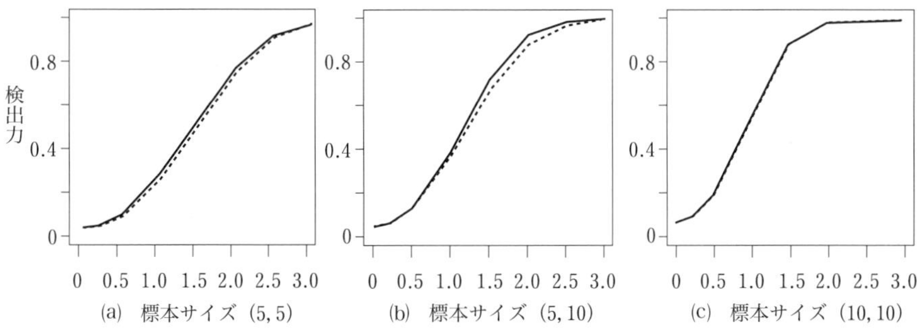

図8.4 スチューデントのt検定とウェルチ検定の検出力の比較

この結果から，標本サイズが小さく，かつ2つの標本のサイズが異なる場合には検出力に少し差があるが，標本サイズが10程度になるといずれの検定も検出力に大きな差はみられない。

8章

理解の確認ポイント　Point

- □ 1標本の場合の母平均の仮説検定における検定統計量と検定手順
- □ 対標本における母平均の差の仮説検定における検定統計量と検定手順
- □ 対でない2標本において，分散が等しい場合の母平均の差の仮説検定における検定統計量と検定手順
- □ 対でない2標本において，分散が異なる場合の母平均の差の仮説検定における検定統計量と検定手順

コラム　正規と正則

本章では，正規母集団に関する検定を考えた。正規分布はもともと，数学者のガウスによって見い出されたとされる確率分布であるが，normalの日本語訳として正規という用語が使われる。似た意味で，regular＝正則もある。この2つの意味はよく似ているが，統計や数学・自然科学では少し異なるニュアンスを持つようである。

正則は，正則行列，正則関数などというふうに使われ，規則正しい決まりや法則，また，規準どおりであること，あるいは，ある観点で普通に期待されるようないい性質を持っていることを意味する。しかし，日常生活で正則という言葉はあまり使われないようで，対応する英語“レギュラー”が日本語として定着している。例えば，レギュラーガソリン，レギュラー番組，レギュラーコーヒー，レギュラーメンバーなど。この場合には，定例の，定期のといった意味もある。

一方，正規＝normalは数学では，正規分布，正規表現，正規状態，正規行列などという表現があり，ある観点で規準となるようなものを意味する。日常生活では，標準の，規定の，正常の，常態の，一般並みの，正常な発達をしている状態など，正式に決められていること，またはその決まりを意味し，正規社員，正規料金，正規の資格，ノーマルタイヤ，ノーマルチケットなど，日本語の正規も英語のノーマルも同じような意味で使われている。

この2つの用語は似ているようで，なんとなく使い分けられている。例えば，正則社員とか，レギュラータイヤとはあまり言いませんね。

統計や数学では，正準相関などというように，正準＝canonicalという言葉もあるが，日本では日常用語として用いられることはあまりない。canonicalは“正典の”というような教会に関連する用語である。

8.4 演習問題

[1]　あるボルトの直径が設計値から偏りがないかを調べるためにこの部品を生産している工場で生産されたボルトを抜き取り検査し，設計された直径と測定値との差を調べたところ，下記の誤差を得た。

4.8，−3.6，5.2，−0.4，3.9，−4.9，−5.3，1.6，−2.4，4.1（ミクロン）

この工場の製品は要求を満たしているか否かを有意水準5％で仮説検定せよ。

[2]　気象庁のWebページからデータを得て，あなたの町の最高気温と東京（あるいはあなたが比較したい町）の最高気温について帰無仮説，対立仮説，有意水準を設定し，仮説検定を行え。

【参考文献】

- 国沢清典編（1996）．確率統計演習1：確率，培風館．

8章

第9章 Chapter 9

分散分析ってなに？

Key WORD 一元配置，二元配置，主効果，交互作用効果，多重比較

この章の目的 本章では，1つあるいは2つ以上の要因について，それらの要因の効果を推定し，その効果が測定値に有意に影響を及ぼすか否かを解析する分散分析の手法について学ぶ。

この章の課題 仮説検定の第8章で，熊谷と多治見の最高気温に差があるかどうか調べたが，3つ以上の地域の気温を同時に比較するにはどうすればよいであろうか？　例えば，上位5都市の最高気温に差があるであろうか？

9.1 一元配置

課題の解決

例を用いて説明する。

気象庁のWebページに過去に記録した最高気温が高い都市のランキングがある(第8章のコラム参照)。それによると，高知県四万十市(江川崎)(E)，熊谷市(Ku)，多治見市(T)，山形市(Y)，甲府市(Ko)の5都市が上位5位の都市である。これらの都市の夏の最高気温に差があるであろうか？　これらのすべての地域が梅雨明けした2015年の7月26日から8月25日までの31日間のデータを用いて調べてみよう。

この場合，各都市の最高気温の母平均を$\mu_1, \cdots, \mu_5$ (℃) とすると，帰無仮説と対立仮説は，

$$
\begin{aligned}
&H_0 : \mu_1 = \cdots = \mu_5 \\
&H_1 : \text{いずれかは異なる}
\end{aligned}
\tag{9.1}
$$

となるであろう。

これらの各都市についての，上記の$n=31$日間のデータは，表9.1のとおりである。

表9.1　過去の最高気温が高い上位5都市の2015年の最高気温データ

都市名	最高気温
江川崎 (四万十) (E)	30.6，32.7，35.0，35.5，36.4，38.2，37.9，36.8，37.1，37.6，37.1，36.4，35.9，37.0，36.6，37.1，36.1，24.1，32.6，32.3，34.7，28.9，29.4，31.1，32.6，33.4，32.7，33.9，35.4，32.8，28.4
熊谷 (Ku)	38.2，37.1，34.9，34.7，34.2，37.0，38.3，37.5，36.6，37.5，38.0，38.2，38.6，34.0，34.1，34.4，35.7，34.6，32.6，31.0，34.4，33.2，26.0，34.2，33.8，27.0，27.5，33.9，28.8，28.1，23.4
多治見 (T)	37.1，35.5，36.9，37.4，36.1，38.4，39.9，39.2，38.0，38.0，37.1，34.9，38.4，37.3，36.8，38.5，37.3，35.0，30.8，34.6，35.9，35.5，30.6，34.7，33.3，27.8，30.7，31.8，35.1，33.7，27.6
山形 (Y)	34.7，35.5，30.9，33.0，33.6，34.6，36.0，36.7，36.1，35.9，36.5，36.3，35.0，33.0，31.6，34.4，32.2，30.3，23.0，26.8，28.6，30.5，25.5，30.4，29.0，26.7，26.2，31.1，26.4，25.2，21.3
甲府 (Ko)	36.9，36.6，36.4，34.6，36.3，36.1，37.3，36.5，36.6，36.5，36.4，36.9，36.3，36.2，36.1，36.0，36.2，35.0，29.2，35.2，34.7，34.7，26.5，33.0，33.7，28.0，28.5，34.0，33.6，31.0，24.0

これらのデータを箱ひげ図を用いて表すと図9.1のようになり，山形(Y)が他の都市に比べて最高気温の平均値が低いように見える。

9章

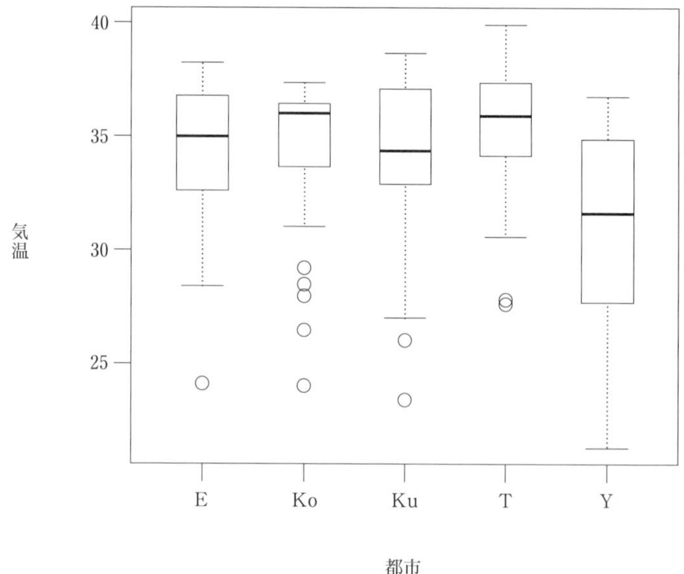

図9.1　5都市の最高気温についての箱ひげ図

本節では，帰無仮説(9.1)について，一元配置の分散分析を用いて解析を行う。このデータには都市が5都市あるが都市を**要因**とよび，各都市を要因の水準とよぶ。この場合には，5水準である。また，このように1つの要因について水準間の差の有無を分析する手法を**一元配置**とよぶ。都市iの真夏の最高気温の平均値をμ_iとし，μ_iを第i水準の**主効果**とよぶ。都市iのj日目の最高気温をY_{ij}と表すと

$$Y_{ij}=\mu_i+\varepsilon_{ij} \tag{9.2}$$

と書ける。ただし，ε_{ij}はいずれも独立で正規分布$N(0,\sigma^2)$に従うとする。

このとき，各都市のデータの標本平均$\hat{\mu}_i=\overline{Y}_{i\cdot}=\frac{1}{n}\sum_{j=1}^{n}Y_{ij}$が$\mu_i$の不偏推定量になるのは容易にわかるであろう。さらに，ε_{ij}の分散σ^2の不偏推定量は

$$\hat{\sigma}^2=\frac{1}{k(n-1)}\sum_{i=1}^{k}\sum_{j=1}^{n}(Y_{ij}-\overline{Y}_{i\cdot})^2$$

である。ここで，

$$\overline{Y}_{\cdot\cdot}=\frac{1}{k}\sum_{i=1}^{k}\overline{Y}_{i\cdot}=\frac{1}{kn}\sum_{i=1}^{k}\sum_{j=1}^{n}Y_{ij}$$

と置くと，次の等式が成り立つ。

$$\sum_{i=1}^{k}\sum_{j=1}^{n}(Y_{ij}-\overline{Y}_{\cdot\cdot})^2=\sum_{i=1}^{k}\sum_{j=1}^{n}(Y_{ij}-\overline{Y}_{i\cdot})^2+\sum_{i=1}^{k}\sum_{j=1}^{n}(Y_{i\cdot}-\overline{Y}_{\cdot\cdot})^2$$

左辺の和は，**全変動**あるいは**全平方和**とよばれ，右辺の第1項は**残差平方和**あるいは**級内変動**，第2項は**級間変動**とよばれる。ここで，級とは各都市を意味し，残差平方和は各都市における標本平均$\overline{Y}_{i\cdot}$と日ごとのデータY_{ij}との偏差の平方和をすべて加えたものであるから，この値はσ^2に依存する値となる。一方，級間変動は，各都市の標本平均$\overline{Y}_{i\cdot}$と全体の標本平均$\overline{Y}_{\cdot\cdot}$の偏差の平方和であるから，帰無仮説が真でなく，各都市の最高気温の平均値に差があるなら大きな値を取り，帰無仮説が真で最高気温の平均値に差はなければ，小さな値となるであろう。この値の大小は，σ^2にも依存するであろうから，その効果を取り除くために，級間変動と残差平方和の比の大小で検定をすればよい。実際，残差平方和をW_e，級間変動をW_Cと置くと，$\dfrac{W_e}{\sigma^2}$，$\dfrac{W_C}{\sigma^2}$は独立でそれぞれ自由度$k(n-1)$，$k-1$のχ^2分布に従うことが知られている。そして

$$F=\frac{\dfrac{W_C}{k-1}}{\dfrac{W_e}{k(n-1)}}=\frac{k(n-1)(\text{級間変動})}{(k-1)(\text{残差平方和})}$$

は自由度対が$(k-1,\ k(n-1))$のF分布に従う。我々は，このFを検定統計量として用いる。帰無仮説(9.1)が真であればFの分子が小さくなり，Fの値は小さな正の値を取るであろうから，Fの値が大きくなれば，帰無仮説を棄却すればよい。したがって，有意水準を5％とすると，棄却域は$P(F>f)=0.05$なるfの値をF分布から求めればよい。

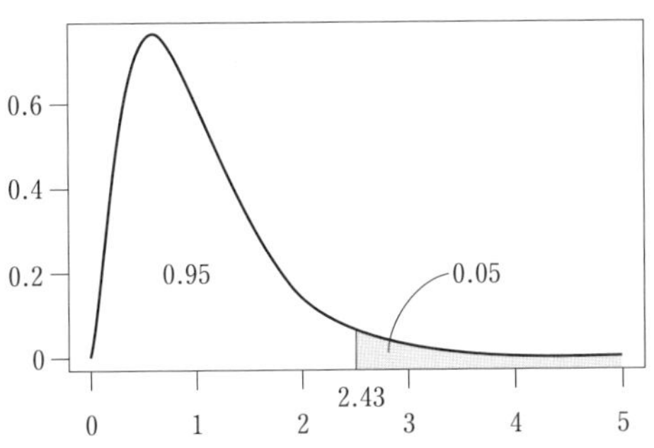

図9.2　自由度対(4, 150)のF分布の上側5％点

最高気温のデータの場合は，$k=5$，$n=31$であるから，自由度対は(4, 150)である。

```
qf(0.95, 4, 150)
[1] 2.431965
```

より，$f=2.43$である。5都市をそれぞれ，E, Ku, T, Ko, Yと頭文字で表し，Rの関数aovを用いて，一元配置の解析を行い，その結果をsummary関数で表示すると，

要因	自由度	変動(平方和)	平均平方和	F値	p値	有意水準
都市	4	284	71.01	5.202	0.000595	***
残差	150	2048	13.65			

が得られる。これより，F値は5.202と大きな値となり，$P(F>5.202)=0.000595$と非常に小さい。したがって，有意水準0.1％でも有意であり，帰無仮説H_0：$\mu_1=\mu_2=\cdots=\mu_5$は棄却される。よって，各都市の最高気温の間には差がある。ここで，表の最右欄の有意水準は，***は有意水準0.001で有意，**は0.01で有意，*は0.05で有意であることを意味する。

もう少し詳しく解析を行ってみよう。そのために線形モデルを

$$Y_{ij}=\mu_i+\varepsilon_{ij}=\mu+\alpha_i+\varepsilon_{ij}$$

と表す。ただし，$\alpha_1=0$として，パラメータの表現が一意になるようにしておく。α_iは江川崎をμとしたときの他の都市の主効果とよばれる。そして，$\widehat{\alpha}_i=\widehat{\mu}_i-\widehat{\mu}_1$ $(i=2, 3, 4, 5)$とすると，

$$E[\widehat{\alpha}_i]=E[\widehat{\mu}_i-\widehat{\mu}_1]=\mu_i-\mu_1=\alpha_i$$

$$Var[\widehat{\alpha}_i]=Var[\widehat{\mu}_i-\widehat{\mu}_1]=Var[\widehat{\mu}_i]+Var[\widehat{\mu}_1]=\frac{2}{n}\sigma^2$$

であるから，$\widehat{\alpha}_i$は正規分布$N\left(\alpha_i, \dfrac{2}{n}\sigma^2\right)$に従う。ここで，$\sigma^2$の不偏推定量は

$$\widehat{\sigma}^2=\frac{1}{k(n-1)}(\text{残差平方和})=\frac{1}{k(n-1)}\sum_{i=1}^{k}\sum_{j=1}^{n}(Y_{ij}-\overline{Y}_{i\cdot})^2$$

となり，$T=\dfrac{\widehat{\alpha}_i-\alpha_i}{\dfrac{2\widehat{\sigma}^2}{n}}$は自由度$k(n-1)$の$t$分布に従う。

このことを念頭に置いて，このモデルに対して，Rのlm関数を用いると下表の解析結果が得られる。第1水準江川崎の平均値μ_1を基準値とすると，各都市のα_iの推定値は

都市	推定値	標準偏差	t値	p値
江川崎	$\hat{\mu}_i=34.1$	0.66	−	−
甲府	$\hat{\alpha}_2=0.09$	0.94	0.093	0.93
熊谷	$\hat{\alpha}_3=-0.28$	0.94	−0.302	0.76
多治見	$\hat{\alpha}_4=1.21$	0.94	1.292	0.20
山形	$\hat{\alpha}_5=-2.88$	0.94	−3.070	0.0025

となる。

この表で各都市と江川崎の差が$\hat{\alpha}_i$として得られており，例えば江川崎と山形の最高気温に差がないという仮説，すなわち$H_5 : \alpha_5=0$なる帰無仮説に対して$\alpha_5=-2.88$であり，そのp値が0.025と非常に小さいため有意水準0.1％でも有意である。よって，江川崎と山形の最高気温に差があることが見てとれる。

Rの使用法については，第15章15.6節も参照せよ。

9.2 多重比較

前節で，一元配置の分散分析を用いて，5つの都市の最高気温に差があることを見たが，全体として都市間に有意な差があるか否かを検定したのであって，どの都市とどの都市が差があり，どの都市が差がないかについての検定を行ったわけではない。

各都市間の差を調べるには，5つの都市から2つの都市を選んで，各2都市ごとに2標本の仮説検定を${}_5C_2=10$回行うと差がある2つの都市を見出すことができそうである。しかし，この方法には問題があり，注意が必要である。

この場合の帰無仮説は，$H_0{}^{(ij)}$：都市iと都市jの最高気温に差がない，という仮説がi, jごとに10個あり，帰無仮説は

$$H_0 : H_0{}^{(12)} \wedge H_0{}^{(13)} \wedge \cdots \wedge H_0{}^{(34)} \wedge H_0{}^{(35)} \wedge H_0{}^{(45)}$$

という10個の仮説が∧（かつ）で結ばれた複合仮説である。

さて，5都市に本当は差がない場合を考えてみよう。このとき，有意水準5％で10回仮説検定を行うと，有意水準が5％であるから，差がない場合でも，各検定ごとに差がないと正しく判定する確率は0.95である。10回の検定で各判定が独立であるとすると，10回とも差がないと正しく判定できる確率は$0.95^{10}=0.6$程度であり，4割の確率で10回のうち，少なくとも1回は誤った判定を下すことになる。

実際には，10回の検定で同じ都市のデータが繰り返して使われており，これら

9 章

は独立な検定ではないので，少なくとも1回誤った判定を下す確率は4割とは異なる確率となる。実際，5都市の最高気温に差がないと仮定してRで同じ平均，分散の正規分布に従う乱数を31日×5都市分発生させて，10通りの検定を行うシミュレーションを50000回繰り返し，誤った判定をする比率を計算すると0.287程度であり，0.4よりは少し小さい確率である。しかし，いずれにしても，有意水準5％に比べて大きく，複合仮説の検定の場合は，個々の仮説検定の有意水準を5％とすると，複合仮説H_0の第1種の過誤の確率は0.287となり，H_0を有意水準28.7％で検定することになる。

したがって，複合仮説全体を有意水準5％で検定するには，個々の仮説検定の有意水準を調整するなどの対応が必要である。このような仮説検定の手法を研究対象として，**多重比較**とよばれる統計手法が開発されてきた。

複数の多重比較の手法が知られているが，よく使われる1つの方法にチューキー（Tukey）のHSD（honest significant differences）とよばれる手法がある。Rでは，まず，一元配置の分散分析

```
> hightemp<-read.table("hightemp.txt", header=T)
> factor(hightemp$city)
> fm1<-aov(temp ~ city, data=hightemp)
```

を実行し，一元配置の分散分析を行い，次に

```
> TukeyHSD(fm1)
```

と入力して，TukeyHSDを実行する。これにより，複合仮説の有意水準を5％としたときの各都市の最高気温の差の信頼区間が表9.2および図9.3に得られている。

表9.2 チューキーのHSD法による5都市の多重比較

比較	差	下側限界	上側限界	修正済みp値
Ko-E	0.0871	−2.5041	2.6783	0.9999
Ku-E	−0.2839	−2.8751	2.3073	0.9981
T-E	1.2129	−1.3783	3.8041	0.6962
Y-E	−2.8806	−5.4719	−0.2894	0.0211
Ku-Ko	−0.3710	−2.9621	2.2203	0.9948
T-Ko	1.1258	−1.4654	3.7170	0.7516
Y-Ko	−2.968	−5.5590	−0.3765	0.0160
T-Ku	1.4968	−1.0944	4.0880	0.5029
Y-Ku	−2.5968	−5.1880	−0.0056	0.0492
Y-T	−4.0935	−6.6848	−1.5023	0.0002

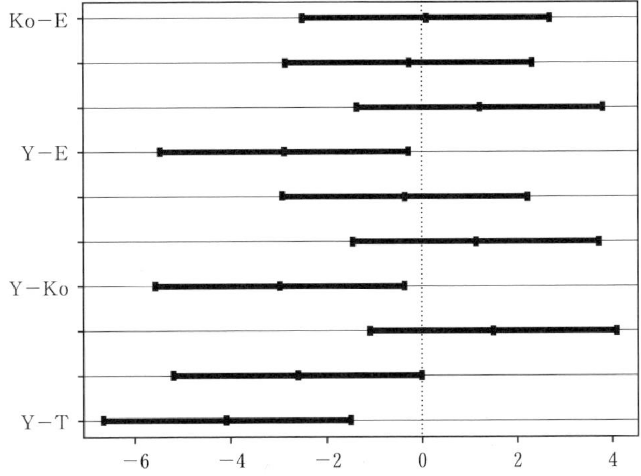

図9.3 チューキーのHSD法による5都市の気温の差の信頼区間

これより，山形(Y)は江川崎(E)，甲府(Ko)，熊谷(Ku)，多治見(T)のいずれの比較でも信頼区間が負の領域にあり，山形は他の4都市のいずれとも有意に差があることがわかる。また，他の4都市の信頼区間はいずれも0を含んでおり，これらの4都市間には有意な差があるとはいえない。

他にもいくつかの多重比較の方法があり，Rの関数`pairwise.t.test`を用いて，ボンフェローニ(Bonferroni)法，あるいはその改良版のホルム(Holm)法なども用いることができる。

練習問題9.1

上記の5都市をホルム法で多重比較を行ってみよ。

〈ヒント〉一元配置やチューキーのHSD法と同様に，まずデータhightempを読み込み，cityを要因（factor）として指定せよ。そして，

```
pairwise.t.test(hightemp$temp, hightemp$city, p.adj="holm")
```

の出力結果を解釈せよ。

9.3 二元配置

例を用いて説明する。

Rには，いろいろなデータが収められている。例えば，RにMASSというパッケージがあり，その中にcoopという名のデータがある。coopは試料中のある物質の濃度（g/kg）を3つの要因（実験室，検体，測定順序）のすべての組合せについてそれぞれ2回ずつ測定したデータセットである。この中から，測定順序が1回目のデータだけを抽出した表9.3の84個のデータについて6つの実験室（Lab），7つの検体（Spc）と物質の濃度（Conc）との関係を解析してみる。

表9.3　試料中のある物質の濃度データ

実験室＼検体	L1	L2	L3	L4	L5	L6
S1	0.29, 0.33	0.40, 0.40	0.40, 0.35	0.90, 1.30	0.44, 0.44	0.38, 0.39
S2	0.13, 0.14	0.22, 0.22	0.25, 0.20	1.70, 1.30	0.23, 0.24	0.24, 0.20
S3	0.68, 0.71	1.03, 1.05	0.83, 0.66	1.30, 1.70	1.10, 1.00	1.03, 0.88
S4	0.50, 0.47	0.81, 0.57	0.50, 0.50	1.30, 1.30	0.48, 0.47	0.31, 0.31
S5	6.60, 7.08	8.40, 8.60	6.90, 6.70	7.60, 7.80	8.00, 7.80	7.70, 6.90
S6	1.36, 1.34	2.12, 2.44	1.50, 1.50	2.40, 2.60	1.90, 1.90	1.70, 1.80
S7	1.06, 0.88	1.50, 1.07	1.00, 1.00	1.50, 1.90	1.30, 1.40	1.50, 1.50

このように2つの要因のすべての水準組合せについて測定を行って得られたデータを解析するには**二元配置**とよばれる解析手法が用いられる。

二元配置の統計モデルは

$$Y_{ijk}=\mu+\alpha_i+\beta_j+(\alpha\beta)_{ij}+\varepsilon_{ijk}$$

と表される。ここで，Y_{ijk}は要因Aを第i水準で，要因Bを第j水準で測定したk回目の観測値であり，μは**中心効果**あるいは**一般平均**とよばれ，α_iは要因Aの水準iの**主効果**，β_jは要因Bの水準jの**主効果**であり，$(\alpha\beta)_{ij}$は要因Aと要因Bの水

準組合せによって起こる**交互作用効果**とよばれる。そして，ε_{ijk}は誤差であり，各誤差は互いに独立でいずれも正規分布$N(0, \sigma^2)$に従うとする。

上記では，要因Aは実験室であり，水準数は$r=6$である。また要因Bは検体であり，水準数は$c=7$である。そして，各水準組合せごとに$n=2$回ずつ繰り返して測定されている。

ここで，主効果，交互作用効果について注意が必要である。繰り返し数nが1のとき，すなわち，各水準組合せに対して1回ずつ観測値が得られている場合，2つの要因の水準組合せは$r\times c$通りであるが，中心効果，主効果，交互作用効果のパラメータ数の合計は$1+r+c+rc$個あり，誤差を考慮しない（すなわち，$\varepsilon_{ijk}=0$の）場合に，rc個の観測値Y_{ijk}が与えられたとき，パラメータの数が多くパラメータに無駄があるため，一意にパラメータの値を決定することができない。そのために，例えば，$\alpha_1=\beta_1=0$，$(\alpha\beta)_{1j}=(\alpha\beta)_{i1}=0$などとしておくと未知パラメータは，中心効果1個，要因Aの主効果$r-1$個，要因Bの主効果$c-1$個，交互作用効果$(r-1)(c-1)$個，合計$1+(r-1)+(c-1)+(r-1)(c-1)=rc$個となり，観測値の数と未知パラメータの数が一致し，一意にパラメータが決定できる。Rでは，上記のように

$$\alpha_1=\beta_1=0, \qquad \text{任意の} i, j \text{に対して} (\alpha\beta)_{1j}=0,\ (\alpha\beta)_{i1}=0 \tag{9.3}$$

としている。

また一方，基準値を設けずに，

$$\sum_{i=1}^{r}\alpha_i=\sum_{j=1}^{c}\beta_j=\sum_{i=1}^{r}(\alpha\beta)_{ij}=\sum_{j=1}^{c}(\alpha\beta)_{ij}=0 \tag{9.4}$$

と仮定してもよい。そこで本節では，(9.4)の仮定のもとで話を進める。この場合，各効果の推定量は

$$\hat{\mu}=\frac{1}{rcn}\sum_{i=1}^{r}\sum_{j=1}^{c}\sum_{k=1}^{n}Y_{ijk}, \qquad \hat{\alpha}_i=\frac{1}{cn}\sum_{j=1}^{c}\sum_{k=1}^{n}Y_{ijk}-\hat{\mu},$$

$$\hat{\beta}_j=\frac{1}{rn}\sum_{i=1}^{r}\sum_{k=1}^{n}Y_{ijk}-\hat{\mu}, \qquad \widehat{(\alpha\beta)}_{ij}=\frac{1}{n}\sum_{k=1}^{n}Y_{ijk}-\hat{\mu}-\hat{\alpha}_i-\hat{\beta}_j$$

と書ける。ここで，

$$e_{ijk}=Y_{ijk}-\hat{\mu}-\hat{\alpha}_i-\hat{\beta}_j-\widehat{(\alpha\beta)}_{ij}$$

を**残差**とよぶ。二元配置の場合，一元配置と同様に

$$\sum_{i,j,k}(Y_{ijk}-\hat{\mu})^2=\sum_{i}\hat{\alpha}_i^{\,2}+\sum_{j}\hat{\beta}_j^{\,2}+\sum_{i,j}\widehat{(\alpha\beta)}_{ij}^{\,2}+\sum_{i,j,k}e_{ijk}^{\,2} \tag{9.5}$$

が成り立つことが示される。この式の左辺は，**全変動**とよばれ，右辺の各項はそれぞれ，**要因Aの主効果による変動（行変動）**，**要因Bの主効果による変動（列変**

9
章

動)，要因AとBの交互作用効果に対する変動，残差平方和とよばれる。

一元配置の場合と同様に，(9.5) の右辺の各項を誤差の分散σ^2で割ると，各項は独立にそれぞれ，自由度$r-1$，$c-1$，$(r-1)(c-1)$，$rc(n-1)$のχ^2分布に従うことが示される。ここで，

$$F_A=\frac{\dfrac{\text{要因Aの主効果による変動}}{r-1}}{\dfrac{\text{残差平方和}}{rc(n-1)}},\quad F_B=\frac{\dfrac{\text{要因Bの主効果による変動}}{c-1}}{\dfrac{\text{残差平方和}}{rc(n-1)}},$$

$$F_{AB}=\frac{\dfrac{\text{要因AとBの交互作用効果による変動}}{(r-1)(c-1)}}{\dfrac{\text{残差平方和}}{rc(n-1)}}$$

とおくと，これらは，それぞれ，自由度対$(r-1,\ rc(n-1))$，$(c-1,\ rc(n-1))$，$((r-1)(c-1),\ rc(n-1))$のF分布に従う。これを用いて，各効果の仮説検定を行うことができる。

例えば，要因Aの主効果間に差があるか否かの検定，すなわち，仮説検定

$$H_0:\alpha_1=\cdots=\alpha_r=0$$

H_1：どれか少なくとも1つは異なる

を行うには，F_Aを用いる。帰無仮説H_0が真であれば，F_Aの分子が小さくなる。したがって，F_Aが大きくなれば帰無仮説を棄却すればよいので，$P(F_A>f_A)=$(有意水準)となるようなf_Aを求めて，データから求めたF_Aの値がf_Aを超えれば，帰無仮説を棄却すればよい。

実際，この例の場合には$r=6$，$c=7$，$d=2$であり，Rのaov関数を用いて，要因Aを実験室(Lab)とし，F_{Lab}の値を求めると，

各効果	自由度	平方和	平均平方和	F値	p値	有意水準
Labの主効果	5	8.3	1.66	63.77	$<2\times10^{-16}$	***
Spcの主効果	6	460.4	76.74	2956.37	$<2\times10^{-16}$	***
LabとSpcの交互作用	30	4.6	0.15	5.87	1.29×10^{-7}	***
残差	42	1.1	0.03			

より，データから計算された$F_{\text{Lab}}=63.77$でそのp値は2×10^{-16}と非常に小さく，有意水準を設定するまでもなく，要因Labによる差があることがわかる。さらに，要因B(検体Spc)についても，p値は非常に小さく，交互作用についても同様であるので，濃度には，実験室，検体およびそれらの交互作用のいずれも強く関係があることがわかる。

より詳しく，どのような水準組合せが濃度に大きく影響するのかを見てみよう。

一元配置の場合と同様にRの`lm`関数を用いると，まず，第11章で学ぶモデルの当てはまりを示す重相関係数は$R^2=0.9977$，自由度を考慮した自由度調整済み重相関係数は0.9955で極めて1に近く，F統計量も自由度対(41, 42)で444.7であり，そのp値は2.2×10^{-16}より小さい。さらに，実験室1(L1)および検体1(S1)を用いた測定値を基準として，各要因の主効果，交互作用効果が次の表のように得られる。ただし，この表において，有意な交互作用効果がないものは省略した。

	推定値	標準誤差	t値	p値	有意水準
基準値(L1＋S1)	0.3100	0.1139	2.721	0.009426	**
L2	0.0900	0.1611	0.559	0.579381	
L3	0.0650	0.1611	0.403	0.688660	
L4	0.7900	0.1611	4.904	1.46×10^{-5}	***
L5	0.1300	0.1611	0.807	0.424265	
L6	0.0750	0.1611	0.466	0.643961	
S2	−0.1750	0.1611	−1.086	0.283575	
S3	0.3850	0.1611	2.390	0.021428	*
S4	0.1750	0.1611	1.086	0.283575	
S5	6.5300	0.1611	40.532	$<2\times10^{-16}$	***
S6	1.0400	0.1611	6.455	8.79×10^{-8}	***
S7	0.6600	0.1611	4.097	0.000187	***
L4×：S2	0.5750	0.2278	2.524	0.015484	*
L2：×S5	1.5700	0.2278	6.891	$2.08\mathrm{e}^{-08}$	***
L5×：S5	0.9300	0.2278	4.082	0.000196	***
L2×：S6	0.8400	0.2278	3.687	0.000646	***

ただし，Rでは，特に指定しない場合，(9.3)式のように基準値に対する各効果の推定値が得られる。ここで，実験室1(L1)と検体1(S1)を基準に取ると，検体5(S5)が特に濃度を高める正の強い効果があることがわかる。また，実験室4，および検体5, 6の主効果も大きく，検体5, 6と実験室2, 5との交互作用も大きい。この結果から，資料の濃度を最も大きくするのは，実験室2と検体5の組合せの場合で，濃度の推定値は

$$\widehat{\mu}+\widehat{\alpha}_{\mathrm{L2}}+\widehat{\beta}_{\mathrm{S5}}+\widehat{(\alpha\beta)}_{\mathrm{L2,S5}}=0.31+0.09+6.53+1.57=8.50\ (\mathrm{g/kg})$$

となる。

注意：本節の例のデータは最初に述べたように実験室，検体，測定順序の3つの要因を持つ。したがって，三元配置の問題として解析するのがよいであろう。しか

9章

し，実際，三元配置の解析を行った結果，測定順序は影響がないことが示され，結局，重要な要因は，実験室と検体であるため，ここでは測定順序1のみのデータを用いた二元配置のデータとして紹介した。

9.4 要因計画と分散分析

繰り返しのない二元配置の場合，すなわち，9.3節で$n=1$の場合，パラメータ数と観測値の数が一致するため，(9.5) 式において，残差が$e_{ijk}=0$となり，誤差分散が推定できなくなる。この場合は，交互作用を入れないモデル

$$Y_{ij}=\mu+\alpha_i+\beta_j+\varepsilon_{ij}$$

で，二元配置の分散分析を行う。これを**繰り返しのない二元配置**とよぶ。

また，二元配置のモデルを三元配置，四元配置，…と要因数を増加させ，一般に多元配置を考えることもできる。しかし，要因数が多くなると，すべての水準組合せに対する観測値を考えると膨大な観測回数になるため，多元配置の場合には，各要因の水準数を2水準，あるいは3水準に限ることが多い。すべての要因の水準数が2の場合，要因数をmとすると，2^m–型要因計画とよばれる。同様に3^m–要因計画もよく用いられている。$m=10$の場合，各水準組合せで1回ずつ観測値を得ても，データの大きさは$2^{10}=1024$，$3^{10}=59049$と大きくなり，データの収集に困難と多大のコストを要する。同様に，要因数が少なくても，各要因の水準数が大きいときは同様の困難が生じる。

それを避けるために，一部の水準組合せのみ実験を行い，実験回数を削減する方法が研究されており，このような統計手法を実験計画法とよんでいる。工場などにおける品質管理の分野では，2水準あるいは3水準の多元配置における一部実施要因計画法が用いられており，一部実施の代表的な例として，直交配列とよばれる組合せ配置を用いる方法がある。

理解の確認ポイント　Point

- □ 要因と水準の意味
- □ 一元配置の設定
- □ 全変動，級内変動，級間変動，残差平方和とその関係
- □ 一元配置の検定統計量
- □ 複合仮説の構造
- □ 多重比較の意味
- □ 二元配置，主効果，交互作用効果
- □ 二元配置の検定統計量

コラム　タグチメソッド

新製品を開発する際に，温度，気圧，触媒などさまざまな要因によって製品の品質に差が生じることが少なくない。品質の向上と安定化を目的として，タグチメソッドが用いられてきた。

タグチメソッドでは，製品の品質にばらつきを生じさせる要因はどれかに注目し，ばらつきを制御できる可能性がある要因を列挙し，SN比とよばれる評価基準を用いて品質のばらつきを制御できる要因（因子）とそうでない要因あるいは偶然誤差に分け，直交配列（直交表）とよばれる一部実施多元配置の列に制御因子を割り付けて実験を行う。その結果，どの要因が，あるいはどの要因の組合せが製品の品質に影響を及ぼすのかを明らかにし，品質を最適化させ，かつ安定させていく。

タグチメソッドは，田口玄一氏（1924－2012）が提唱した品質工学の手法であるが，日本製品の品質の良さが海外に知られるようになった1980年代にアメリカで盛んに用いられ，工業，農業などのさまざまな分野の品質向上に寄与してきた。タグチメソッドがアメリカなどで高い評価を受けて，日本に逆輸入され，再認識されるようになったのも特筆すべきことだろう。

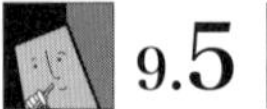

9.5 演習問題

織り機で織物を織る際に2種類の毛糸（A，B）について，一巻の糸で織る際に，3通りの糸の張りの強さ（L，M，H）を設定して糸が切れた回数を測定したデータが表9.4にある。このデータについて二元配置の分散分析を行え。

表9.4　糸が切れた回数と毛糸の種類，張り強度に関する繰り返しのある二元配置

	A	B
L	26，30，54，25，70，52，51，26，67	27，14，29，19，29，31，41，20，44
M	18，21，29，17，12，18，35，30，36	42，26，19，16，39，28，21，39，29
H	36，21，24，18，10，43，28，15，26	20，21，24，17，13，15，15，16，28

このデータはRのサンプルデータであり，warpbreaksと入力すれば見ることができる。

(i)　このデータについて交互作用のある二元配置の分散分析を行え。

〈ヒント〉

```
> summary(fm1<- aov(breaks~wool+tension+wool*tension, data=warpbreaks))
```

(ii)　糸の張りの強さ“tension”の違いによる多重比較を行え。ヒント：TukeyHSDを用いる場合，下記の結果を解釈せよ。

```
> TukeyHSD (fm1, ''tension'')
> plot(TukeyHSD (fm1, ''tension''))
```

【参考文献】

- 鷲尾泰俊（1997）．実験計画法入門，日本規格協会．
- 廣津千尋（1976）．分散分析，教育出版．

最も尤(もっと)もらしい推定〜最尤法

Key WORD

最尤(さいゆう)法，最尤推定値，最尤推定量，尤(ゆう)度(ど)関数，対数尤度関数

この章の目的

本章では，統計的推定において重要な概念である最尤法，最尤推定量について，その導出法および統計的性質について学ぶ。

この章の課題

表が出る確率pが未知のコインがある。このコインを10回投げて3回表が出たら，皆さんはこのコインで表が出る確率は$\frac{3}{10}$くらいであると推定することに疑問を持つであろうか？　では，このコインを表が出るまで投げ続けたところ，4回目に初めて表が出た場合，このコインで表が出る確率はいかほどと答えればよいであろうか？　多くの人が納得できる説明はできるか？

10.1 最尤法の考え方

課題の解決

上記の問題を再掲して説明してみよう。

表が出る確率pが未知のコイン投げの試行で次の各場合に，コインの表が出る確率pの推定値を求めたい。

(i)　このコインを10回投げて，3回表が出た場合

(ii)　このコインを表が出るまで投げ続けたところ，4回目に初めて表が出た場合

この例題で，(i)の場合には，皆さんはpの推定値は$\hat{p}=\frac{3}{10}$と確信を持って答えるのではないであろうか？　しかし，(ii)の場合には，どうだろう？　4回目に初

めて表が出たということは$\hat{p}=\dfrac{1}{4}$であろうか？　4回のうち1回表が出たということとは違うような気がしないだろうか？　ちょっと自信がなくなるのでは？

このような場合に，最尤法の考え方が有効である。最尤法では次のように考える。

表が出る確率をpとすると，4回目に初めて表が出る確率は，裏が3回出て4回目に表が出たので，$f(p)=(1-p)^3p$となる(4.2節参照)。この確率をグラフに表すと，図10.1のようになり，このグラフで$f(p)$の値の最大値は4回目に初めて表が出る事象が起こる確率の最大値を意味しており，そのときのpの値は，4回目に初めて表が出る確率を最も大きくするp，すなわち，そのような事象が最も起こりやすいpということができるであろう。図10.1では，$p=\dfrac{1}{4}$あたりで最大となっている。

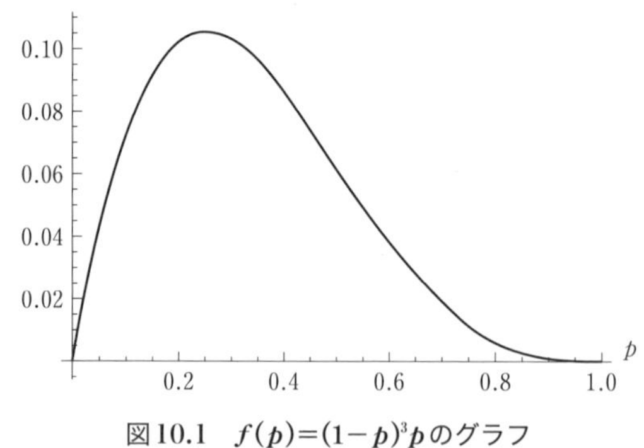

図10.1　$f(p)=(1-p)^3p$のグラフ

実際，この関数$f(p)$を微分してみると

$$f'(p)=\frac{d}{dp}f(p)=-3(1-p)^2p+(1-p)^3=(1-p)^2(1-4p)=0$$

より，4回目に初めて表が出る確率$f(p)$が最大となるのは$p=\dfrac{1}{4}$のときであることがわかる。

このことより，4回目に表が出る事象が起こるのは$p=\dfrac{1}{4}$のときが最も尤もらしいので，$\hat{p}=\dfrac{1}{4}$をpの**最尤推定値**という。また，このとき，確率関数$f(p)=(1-p)^3p$を**尤度関数**といい，尤度関数を最大にするpを推定値とする方法を**最尤法**とよぶ。

では，(i)の場合に最尤法でpの最尤推定値を求めてみよう。この場合は，10回のうち3回表が出る確率は$f(p)={}_{10}\mathrm{C}_3p^3(1-p)^7$であり，二項係数${}_{10}\mathrm{C}_3$は$p$に無関係な定数であるので$L(p)=p^3(1-p)^7$を最大にする$p$が$p$の最尤推定値である。

$$L'(p)=\frac{d}{dp}L(p)=3p^2(1-p)^7-7p^3(1-p)^6=p^2(1-p)^6(3-10p)=0$$

より，$\hat{p}=\frac{3}{10}$がpの最尤推定値である。これは，私たちが直観的に得た推定値に一致している。

10.2 最尤法：連続分布の場合

次の例を考えてみる。

ある工場で製造されるボルトの直径は正規分布$N(\mu,\sigma^2)$に従うと考えられている。ただし，μ,σ^2は未知とする。この工場で生産されたボルトから無作為に抽出したn本のボルトの直径の測定値は$x_1,\cdots,x_n$ (mm) であった。このデータからボルトの直径の母平均μと母分散σ^2を最尤推定してみよう。

ここで正規分布の密度関数は

$$f(x)=\frac{1}{\sqrt{2\pi\sigma^2}}e^{-\frac{(x-\mu)^2}{2\sigma^2}}$$

であるので，独立な標本$x_1,\cdots,x_n$が得られる確率密度は

$$\begin{aligned}f(x_1,\cdots,x_n)&=f(x_1)\times\cdots\times f(x_n)\\&=\left(\frac{1}{\sqrt{2\pi\sigma^2}}\right)^n e^{-\frac{1}{2\sigma^2}\sum_{i=1}^{n}(x_i-\mu)^2}\end{aligned}$$

と書ける。この$f(x_1,\cdots,x_n)$を結合密度関数という。$f(x_1,\cdots,x_n)$をμとσ^2の関数とみなし，μとσ^2について最大にすればよいが，それは$\log f(x_1,\cdots,x_n)$をμとσ^2について最大にすることと同値であり，この場合には，このほうが計算が楽である。$l(\mu,\sigma^2)=\log f(x_1,\cdots,x_n)$を**対数尤度関数**とよび，

$$l(\mu,\sigma^2)=-\frac{n}{2}(\log(2\pi)+\log\sigma^2)-\frac{1}{2\sigma^2}\sum_{i=1}^{n}(x_i-\mu)^2$$

を最大にする$\hat{\mu}$と$\hat{\sigma}^2$がそれぞれμ,σ^2の最尤推定値となる。したがって，連立方程式

$$\begin{cases}\dfrac{\partial l}{\partial\mu}=\dfrac{1}{\sigma^2}(n\mu-\sum_{i=1}^{n}x_i)=0 & (10.1)\\[2ex]\dfrac{\partial l}{\partial\sigma^2}=-\dfrac{n}{2\sigma^2}+\dfrac{1}{2(\sigma^2)^2}\sum_{i=1}^{n}(x_i-\mu)^2=0 & (10.2)\end{cases}$$

の解を求めればよく，最尤推定値は

$$\widehat{\mu}=\overline{x}=\frac{1}{n}\sum_{i=1}^{n}x_i, \qquad \widehat{\sigma}^2=\frac{1}{n}\sum_{i=1}^{n}(x_i-\overline{x})^2$$

となる。ここで，標本x_iを対応する標本変量に置き換えた

$$\widehat{\mu}=\overline{X}=\frac{1}{n}\sum_{i=1}^{n}X_i, \qquad \widehat{\sigma}^2=\frac{1}{n}\sum_{i=1}^{n}(X_i-\overline{X})^2 \tag{10.3}$$

がμとσ^2の**最尤推定量**である。

注意：上記の計算では，σ^2を1つの変数とみなして$s=\sigma^2$と置いて，sで偏微分して極値を求めていると解釈されたい。標準偏差σの最尤推定値を求める場合には，σで偏微分すると

$$\widehat{\sigma}=\sqrt{\frac{1}{n}\sum_{i=1}^{n}(x_i-\overline{x})^2}$$

がσの最尤推定値となる。

練習問題10.1

ある電気部品の寿命は下記の指数分布に従うとする。

$$f(x)=\begin{cases}\lambda e^{-\lambda x} & (x\geqq 0)\\ 0 & (x<0)\end{cases}$$

この電気部品の中から無作為に大きさnの標本を抽出したところ，その寿命はx_1，x_2，…，x_n（時間）であった。このとき，λの最尤推定値を求めよ。

もう一つ，例を考える。

例題 (10.1) 遊園地を回っている汽車がある。この汽車は1周するのにθ分かかるが，θは未知である。n人の人が時計を見ずに独立にランダムに駅に向かったところ，各人の待ち時間はそれぞれ，$x_1, \cdots, x_n$（分）であった。この電車が遊園地を1周するのに要する時間θを最尤法で推定せよ。

解説　まず，各人はランダムに駅に向かうので待ち時間は，区間$[0, \theta]$の一様分布に従う。よって，その密度関数は

$$f(x)=\begin{cases}\dfrac{1}{\theta} & (0\leqq x\leqq \theta\text{のとき})\\ 0 & (\text{その他})\end{cases}$$

であり，したがって，待ち時間$x_1, \cdots, x_n$が得られる結合密度関数は

$$
\begin{aligned}
L(\theta) &= f(x_1)\times f(x_2)\times\cdots\times f(x_n)\\
&= \begin{cases} \left(\dfrac{1}{\theta}\right)^n & 0\leqq x_1,\cdots,x_n\leqq\theta\text{のとき}\\ 0 & \text{少なくとも1つの}x_i\text{が}x_i>\theta\text{のとき}\end{cases}
\end{aligned}
$$

となる。この尤度関数が0にならないためにはθは$\theta\geqq x_1$, …, x_nを満たさなければならない。さらにそのようなθの中で$L(\theta)=\left(\dfrac{1}{\theta}\right)^n$を最大にするには，$\theta$をできる限り小さくしなければならない。そのような$\theta$は$\hat{\theta}=\min\{x_1,\cdots,x_n\}$であり，これが$\theta$の最尤推定値である。また，標本$x_1$, …, x_nを標本変量に置き換えた$\hat{\theta}=\min\{X_1,\cdots,X_n\}$が$\theta$の最尤推定量である。

10.3 最尤推定量の性質

ここでは，最尤推定量の性質を述べる。

前節の1つめの例では，母平均μおよび母分散σ^2の最尤推定量が

$$\hat{\mu}=\overline{X}=\frac{1}{n}\sum_{i=1}^{n}X_i$$

$$\hat{\sigma}^2=\frac{1}{n}\sum_{i=1}^{n}(X_i-\overline{X})^2$$

となることを示したが，では，母集団の標準偏差σの最尤推定量はどうなるであろうか？

$$\hat{\sigma}=\sqrt{\frac{1}{n}\sum_{i=1}^{n}(X_i-\overline{X})^2}$$

であろうか？　実は，そのとおりである。これは当たり前のように見えるかもしれないが，不偏推定量などでは，この性質は成り立たない。例えば，母平均μの母集団からのn個の標本変量$X_1,\cdots,X_n$に対して，$\hat{\mu}=\overline{X}=\dfrac{1}{n}\sum_{i=1}^{n}X_i$は$E[\overline{X}]=\mu$であり，$\mu$の不偏推定量であるが，$\dfrac{1}{\mu}$の不偏推定量は$\dfrac{1}{\overline{X}}$ではない。実際，$E\left[\dfrac{1}{\overline{X}}\right]=\dfrac{1}{\mu}$は成り立たない。

しかし，最尤推定量の場合は，一般に次の性質が成り立つ。

> $\hat{\theta}$がθの最尤推定量であれば，$g(\hat{\theta})$は$g(\theta)$の最尤推定量である。

しかし，最尤推定量は必ずしも不偏推定量ではない。例えば，前節の例での正

規母集団における母平均μの最尤推定量$\overline{X}$は第5章でみたようにμの不偏推定量であるが，σ^2の不偏推定量は$\dfrac{1}{n-1}\sum_{i=1}^{n}(X_i-\overline{X})^2$であり，$\dfrac{1}{n}\sum_{i=1}^{n}(X_i-\overline{X})^2$は不偏推定量ではない。

また，最尤推定量は，理論的に単純な母集団分布を持つような理想的な状況(統計学では正則な仮定のもとでという言い方をする)では，漸近正規性，漸近有効性という優れた性質を持っている。漸近正規性とは，θの最尤推定量$\hat{\theta}$の分布は標本の大きさnが大きくなる(データが多くなる)と真の母数θを中心とする正規分布に近づくことをいう。したがって，$n\to\infty$のとき，$E[\hat{\theta}]\to\theta$となり，漸近的に不偏推定量に近づく。さらに，$\hat{\theta}$の分散は，不偏推定量の中で最も小さくなり，漸近的に有効推定量となる(漸近有効性を持つという)。

しかし，母集団の構造が複雑な場合など，現実の応用面では，最尤推定量が必ずしも良い推定量とならないことも報告されており，統計的には，さまざまな観点からの研究がなされている。

10.4 尤度関数の最大化とニュートン法

母集団分布が次の密度関数を持つ母集団からの大きさnの独立な標本を$x_1, \cdots, x_n$とする。

$$f(x)=\begin{cases}\dfrac{\theta}{(x+\theta)^2} & (x\geqq 0\text{のとき})\\ 0 & (\text{その他のとき})\end{cases} \tag{10.4}$$

ただし，$\theta>0$。この母集団分布の未知母数θの最尤推定値を求めてみよう。

まず，尤度関数は

$$L(\theta)=\prod_{i=1}^{n}f(x_i)=\frac{\theta^n}{\prod_{i=1}^{n}(x_i+\theta)^2}$$

であり，対数尤度関数は，

$$l(\theta)=\log L(\theta)=n\log\theta-2\sum_{i=1}^{n}\log(x_i+\theta)$$

となる。したがって，極値は

$$\frac{dl}{d\theta}=\frac{n}{\theta}-2\sum_{i=1}^{n}\frac{1}{x_i+\theta}=0 \tag{10.5}$$

を解いて得られるが，これを満たすθを理論的に求めるにはθについてのn次方程式を解く必要があり，nが大きくなると困難であることは容易にわかるであろう。そこで，よく用いられるのが次に述べるニュートン法である。

10章

10.4.1 ニュートン法の概要

いま，$g(x)=0$を満たす解xを求める方法を考える。$y=g(x)$のグラフがx軸と交わる交点を求めればよいが，図10.2のように，xの初期値x_0を任意に定めて，$(x_0, g(x_0))$での$y=g(x)$の接線とx軸との交点をx_1とする。同様に$(x_1,\ g(x_1))$での$y=g(x)$の接線とx軸との交点をx_2とする。この操作を繰り返すと数列$\{x_n\}$は$g(x)=0$の解x^*に収束する。この方法を**ニュートン法**という。ニュートン法を漸化式で表現すると

$$x_n=x_{n-1}-\frac{g(x_{n-1})}{g'(x_{n-1})} \quad (n=1, 2, \cdots) \tag{10.6}$$

となる。

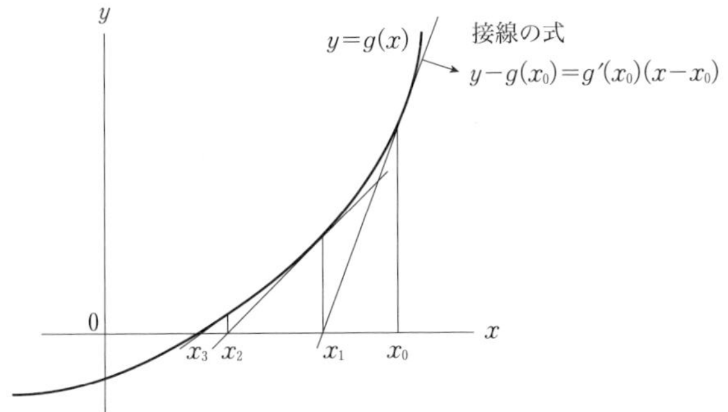

図10.2　ニュートン法による$g(x)=0$の解の求め方

練習問題10.2

ニュートン法において，漸化式(10.6)が成り立つことを示せ。

10.4.2 ニュートン法による最尤推定値の計算例

前記の例（式(10.4)）において，$n=3$とし，3つの標本の値が1.2，1.6，0.8のとき，θの値の最尤推定値をニュートン法を用いて求めてみよう。

対数尤度関数$l(\theta)$のグラフは図10.3のようになり，θの最尤推定値，すなわち，$l(\theta)$の最大値は

$$0=\frac{dl}{d\theta}=\frac{3}{\theta}-2\left(\frac{1}{\theta+1.2}+\frac{1}{\theta+1.6}+\frac{1}{\theta+0.8}\right)$$
$$=-3\frac{\theta^3+1.2\theta^2-1.38667\theta-1.536}{\theta(\theta+1.2)(\theta+1.6)(\theta+0.8)}$$

の解であるので，$\theta>0$の範囲で$g(\theta)=\theta^3+1.2\theta^2-1.38667\theta-1.536=0$を解けばよいことがわかる。$y=g(\theta)$のグラフは図10.4のようになり，ニュートン法の解は

$\theta_0=2$，$\theta_1=1.44913$，$\theta_2=1.20868$，$\theta_3=1.15665$，$\theta_4=1.15426$，…，

$\theta_{10}=1.15425$，…，$\theta_{20}=1.15425$，…

となり，θの最尤推定値$\hat{\theta}\simeq1.15425$が得られる。

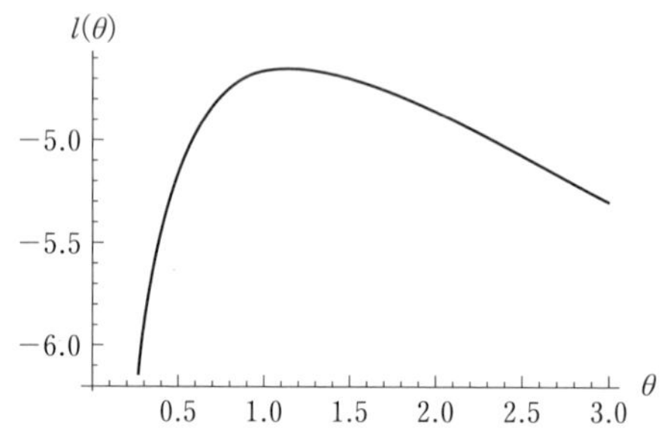

図10.3　対数尤度関数

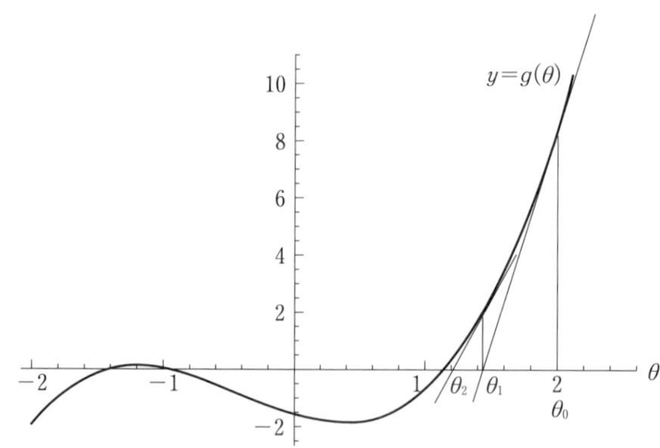

図10.4　$g(\theta)=0$をニュートン法で解く

注意：ニュートン法は，連立方程式$g_1(x,y)=0$，$g_2(x,y)=0$を解く場合にも用いることができる。この場合は，ニュートン法の漸化式は少し複雑であるが，

$$\begin{pmatrix} x_n \\ y_n \end{pmatrix} = \begin{pmatrix} x_{n-1} \\ y_{n-1} \end{pmatrix} - \begin{pmatrix} \dfrac{\partial g_1}{\partial x}(x_{n-1},\ y_{n-1}) & \dfrac{\partial g_2}{\partial x}(x_{n-1},\ y_{n-1}) \\ \dfrac{\partial g_1}{\partial y}(x_{n-1},\ y_{n-1}) & \dfrac{\partial g_2}{\partial y}(x_{n-1},\ y_{n-1}) \end{pmatrix}^{-1} \begin{pmatrix} g_1(x_{n-1},\ y_{n-1}) \\ g_2(x_{n-1},\ y_{n-1}) \end{pmatrix}$$

となる。さらに3変数以上の連立方程式を解く場合も同様である。

これを用いれば，2つ以上の未知母数がある最尤法にもニュートン法を適用することができる。

理解の確認ポイント
Point
□ 尤度関数の意味
□ 最尤推定値と尤度関数の関係
□ 最尤推定値と最尤推定量の違い
□ 最尤推定量の良さ
□ 最尤推定値を求める方法
□ ニュートン法の原理
□ ニュートン法での最尤推定値の求め方

コラム 「尤」とは？

最尤法の「最尤」という用語は統計屋さんがmaximum likelihoodを日本語に訳したときに考え出されたが，うまいネーミングだと感心する。しかし，「尤」という漢字は私たちの日常では，もっともらしいという読み方が普通で，ユウという読みは漢字辞典でもひかない限り，あまり一般的に知られていないかもしれない。大学の統計の講義で最尤法に関する問題を出すと，答案に「最大法」と書いている人が少なくない。確かに，尤度関数を最大にしているので，意味はあっているのであるが…。

漢字辞典で「尤」という漢字の意味を調べてみると，「尢」（おう）という部首に点がついた漢字だそうだ。「尢」は足が曲がったさまを表し，「尤」は人の働きをとがめだてる，あしざまに責めるなどの悪い意味があるようである。また，それから転じて，異なる，他のものと違っている，とりわけ優れたという意味にもなる。「最尤」を逆にすると，「尤最」だが，これは特に優れているという意味である。「尤」が付く漢字はめったにないが，そういえば，就職の「就」のつくりには「尤」が付いている。

10.5 演習問題

あるコンビニエンスストアで1分間にレジに来る客の数Xは，平均λ人のポアソン分布に従うとする。この店で，1分間にレジに来る客の数を数えたところk_1，k_2，…，k_n（人）であった。このデータからλの最尤推定値を求めよ。ここで，平均λのポアソン分布の確率分布は

$$P(X=k)=\frac{\lambda^k}{k!}e^{-\lambda} \quad (k=0, 1, 2, \cdots)$$

で，λは未知とする。

【参考文献】

- 間瀬茂（2016）．ベイズ法の基礎と応用，日本評論社．
- Lehmann, E.L., Casella, G. (1998). *Theory of Point Estimation*, Springer Verlag.
- 東京大学教養学部統計学教室編（1992）．自然科学の統計学，東京大学出版会．

相関と回帰

Key WORD

散布図，目的変数，説明変数，線形モデル，回帰モデル，最小2乗法，予測値

この章の目的

この章では，2つの変数の間の関係を示す相関関係を理解し，どのような散布が描かれるとき，相関が高いか，また，相関の検定ができるようにする。さらに説明変数から目的変数を予測するための線形回帰モデルを理解し，実データを分析できるようにする。

この章の課題

次のデータは，飛行機の高度と外気温の関係を調べたものである。山に登ると，標高が高くなり，気温が下がることが知られているが，実際に高度と気温との間にはどのような関係があるのか，気温を高度で予測する問題を考える。高度の単位はm，気温の単位は℃である。

番号	1	2	3	4	5	6	7	8	9	10	11	12
高度	8839	9601	10363	10820	11277	11582	11734	11887	11887	11887	11887	11887
気温	−47	−51	−55	−57	−56	−53	−54	−54	−54	−54	−56	−56
番号	13	14	15	16	17	18	19	20	21	22	23	24
高度	11887	11887	11887	11887	11887	11887	11887	11887	11887	11887	11887	11887
気温	−57	−57	−59	−61	−61	−60	−63	−63	−63	−60	−58	−61
番号	25	26	27	28	29	30	31	32	33	34	35	36
高度	11887	11887	11887	11887	11887	11734	11277	10688	9246	8229	8077	7467
気温	−63	−62	−58	−61	−60	−60	−59	−58	−48	−40	−39	−34
番号	37	38	39	40	41	42						
高度	6705	5943	5171	4238	3637	3183						
気温	−28	−23	−17	−11	−7	−4						

11.1 相関とは

相関とは，2つの変数からなる1組の何らかの関係を記述するものである。2つの変数は分析者の関心によるものであり，どのような変数を扱うかは分析者の経験によって培われる。対象とする現象の代表的な要因をどのように把握することができるかという分析者の能力に関わる。

例えば，次のようなものが関心の対象となる。車の燃費に関心があるのであれば，燃費と排気量，車の製造年月日，購入してからの年月，運転者の技量，ガソリンの種類，メーカー名，天候など，燃費に影響があると思われるいろいろな変数をどう思い起こせるかにかかってくる。このほか，喫煙と心臓病，喫煙と肺癌，みそ汁と胃癌，音楽鑑賞力と科学的素質，無線受信と太陽黒点の活動，高校の評定平均と大学1年時の評点平均などがあげられる。

散布図

1組の変数間の関係を視覚的に捉える方法として，散布図がある。散布図は2次元平面にプロットされたn組の点$\{(x_i, y_i) : i=1, \cdots, n\}$に適当なシンボルマークを入れて作図した図のことをいう。

相関係数

散布図は1組のデータの関係を視覚的に捉えるという点できわめて重要であるが，客観性に欠けるという欠点がある。そこで，データに直線的な関係があるかどうか，つまり，線形関係があるかどうかを捉えるときの数値的指標として，相関係数がある。標本相関係数は，大きさn個のデータが$\{(x_i, y_i) : i=1, \cdots, n\}$で与えられるとき，次式で定義される。

$$r=\frac{\sum_{i=1}^{n}(x_i-\overline{x})(y_i-\overline{y})}{\sqrt{\sum_{i=1}^{n}(x_i-\overline{x})^2}\sqrt{\sum_{i=1}^{n}(y_i-\overline{y})^2}}$$

相関係数の性質として

1) 2つの変数の測定の単位に無関係である。
2) 散布図で(x_i, y_i)の点が一直線上にあるときのみ，rは$+1$あるいは-1の値をとる。
3) rの値がとる範囲は$-1 \leqq r \leqq 1$である。

11.1.1 相関係数の導出

図11.1は2015年の日経平均とドル・円レート（週単位の終値）をプロットしたものである。図11.1は，それぞれの変数の平均を通るように新しい座標軸が引かれている。ドル・円レートが上がれば，日経平均が上がる傾向が見て取れる。それぞれの平均を(0, 0)に移動して考えると，データは第1象限と第3象限に多く，第2象限と第4象限に少ないことがわかる。

11 章

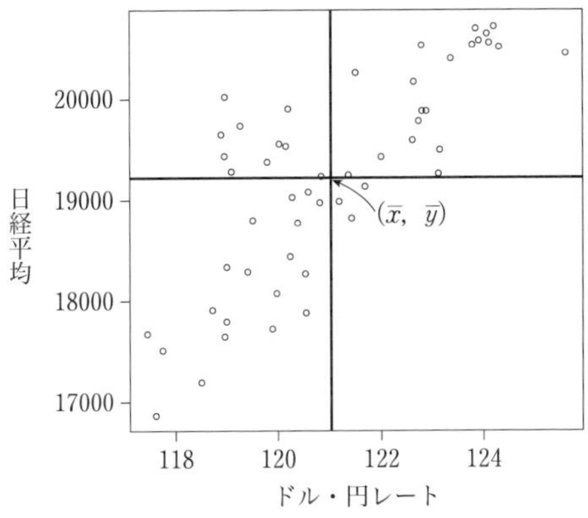

図11.1　正の相関関係

2つの変数xとyにおいて，xが増えるとyが増えるという関係はxy平面では，第1象限と第3象限に点(x, y)が多くあると考えるとわかりやすい。このとき，点(x, y)は不等式$xy>0$を満たし，図11.2の左図のような範囲に点(x, y)が存在することに対応する。

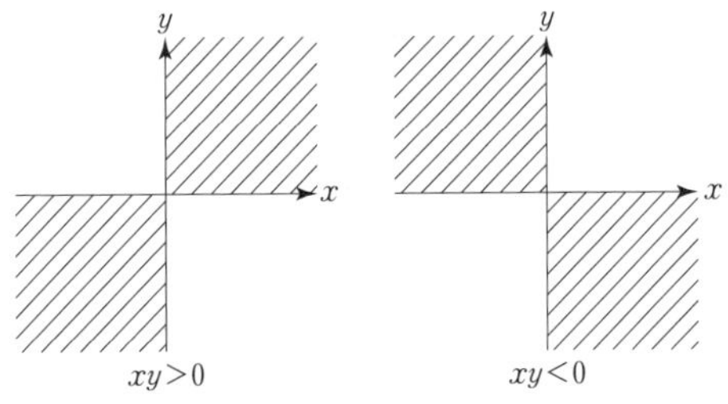

図11.2　正の相関と負の相関

こうして，積x_iy_iを第1象限と第3象限にデータがあるということの評価尺度として，その総和を取ればよいが，データの個数nが大きいとき総和は膨れ上が

ってしまうのでこれらを平均化した量

$$\frac{1}{n}\sum_{i=1}^{n}x_i y_i$$

を考える。これが，相関係数のもとになるアイデアである。実際には，原点を合わせるために，データの基準化を行い，また，基準化の際の標準偏差の推定値には

$$s_x=\sqrt{\frac{1}{n}\sum_{i=1}^{n}(x_i-\bar{x})^2},\qquad s_y=\sqrt{\frac{1}{n}\sum_{i=1}^{n}(y_i-\bar{y})^2}$$

を用い

$$u_i=\frac{x_i-\bar{x}}{s_x},\qquad v_i=\frac{y_i-\bar{y}}{s_y}$$

と変換すれば，標本相関係数は

$$r=\frac{1}{n}\sum_{i=1}^{n}u_i v_i$$

となる。

相関係数を計算する際には，計算機を用いて計算する場合には，上記定義式をそのまま用いた方が精度が高いが，手計算を行う（あるいは電卓程度）場合には，計算の簡便さを考えて次式の平方和，積和を求めてからrを算出することが多い。

$$\sum_{i=1}^{n}(x_i-\bar{x})^2=\sum_{i=1}^{n}x_i^2-n\bar{x}^2=\sum_{i=1}^{n}x_i^2-\frac{1}{n}\left(\sum_{i=1}^{n}x_i\right)^2$$

$$\sum_{i=1}^{n}(y_i-\bar{y})^2=\sum_{i=1}^{n}y_i^2-n\bar{y}^2=\sum_{i=1}^{n}y_i^2-\frac{1}{n}\left(\sum_{i=1}^{n}y_i\right)^2$$

$$\sum_{i=1}^{n}(x_i-\bar{x})(y_i-\bar{y})=\sum_{i=1}^{n}x_i y_i-n\bar{x}\bar{y}=\sum_{i=1}^{n}x_i y_i-\frac{1}{n}\left(\sum_{i=1}^{n}x_i\right)\left(\sum_{i=1}^{n}y_i\right)$$

11.1.2 相関係数と散布図

相関係数を解釈する際には，rの値が±1に近ければ，強い直線関係があり，ゼロに近ければ無相関といい，散布図で見るとプロットされた点はボール状に集まってくる。理論的値と散布図との関係を体感しておくのは望ましいので，母相関係数$\rho=0$の場合と，$\rho=\pm0.7$の場合について図示する。

図11.3〜5を描くためのRのコードは，scatterplot.Rである。

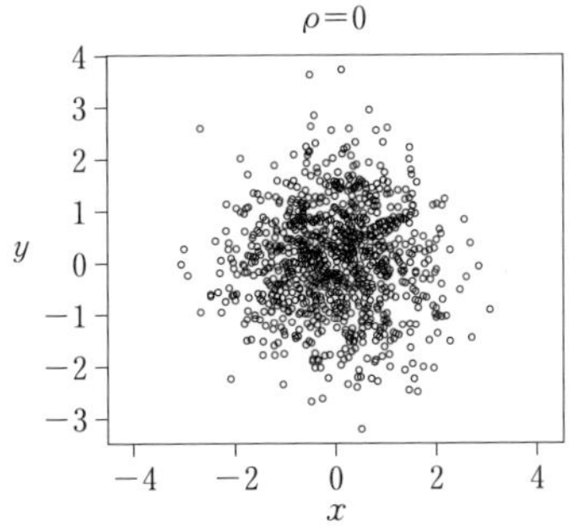

図11.3　相関係数がゼロのときの散布図の例

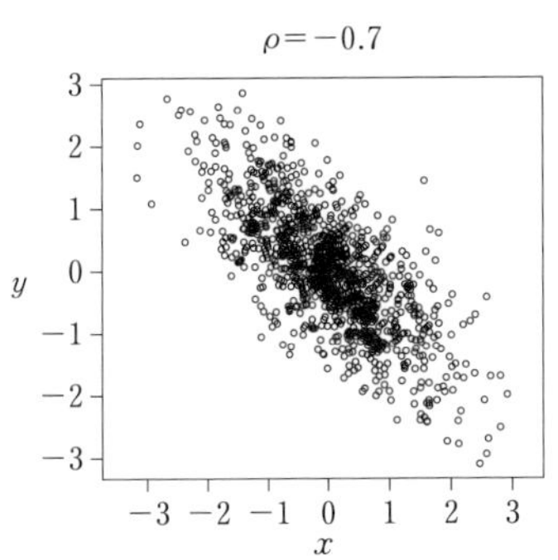

図11.4　相関係数が−0.7のときの散布図の例

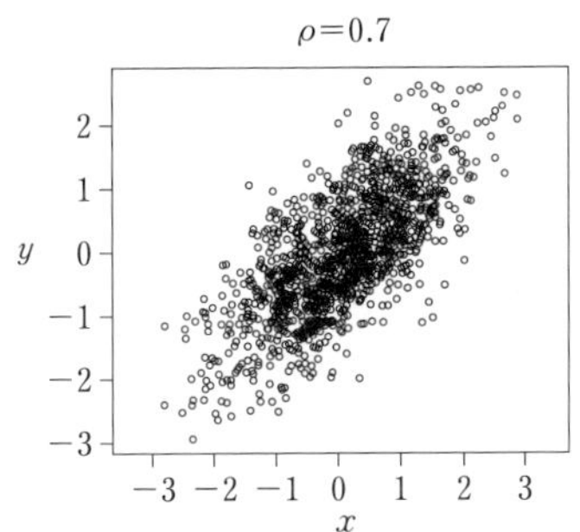

図11.5　相関係数が0.7のときの散布図の例

11.1.3　相関係数の推定・検定

標本相関係数の分布の計算にはフィッシャーのz変換が有用である。フィッシャーのz変換は標本相関係数をrとすると

$$z(r)=\frac{1}{2}\log\left(\frac{1+r}{1-r}\right)$$

と定義される。このとき，母相関係数をρとすると，$z(r)-z(\rho)$の分布は近似的に平均ゼロ，分散$\dfrac{1}{n-3}$の正規分布に従うことが知られている。この性質を利用して，相関係数の区間推定，検定が可能となる。このz変換がどのくらい精度の高いものであるのか，シミュレーションで確かめる。紙面の関係で$n=10$，$\rho=0$の場合について行う。

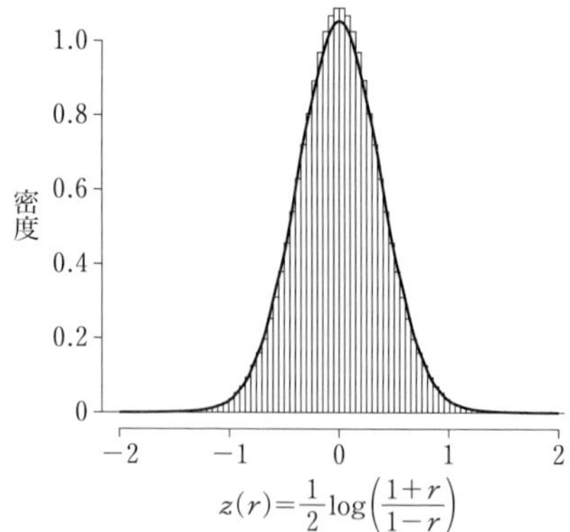

図11.6　フィッシャーのz変換による正規近似（$\rho=0$）

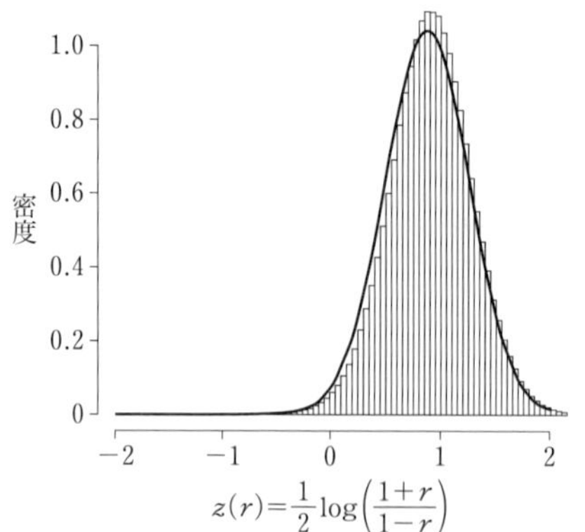

図11.7　フィッシャーのz変換による正規近似（$\rho>0$）

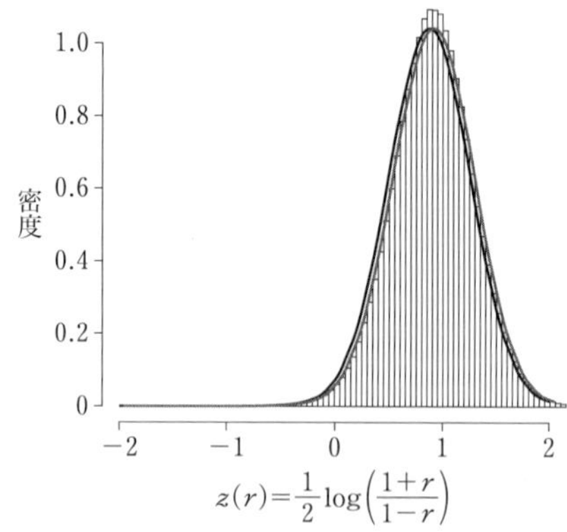

図11.8　フィッシャーのz変換による正規近似（SASのアルゴリズム）

z変換による正規近似は，きわめて精度が高く，標本サイズ10でも理論分布である正規分布と実際の分布を表すヒストグラム推定値が近いことがわかる。分布の中心部分にやや密度が高く配分されていることと，$\rho>0$のときは，やや右にひずみ，$\rho<0$のときは，左にひずむことがわかる。これを補正したものが，統計解析ソフトSASのアルゴリズムには入っており，SASでは，標本相関係数のz変換統計量$z(r)$を平均$z(\rho)+\dfrac{\rho}{2(n-1)}$，分散$\dfrac{1}{n-3}$の正規分布で近似している。

母相関係数の点推定値と信頼水準$1-\alpha$の信頼区間$(L,\ U)$は次式で与えられる。

$$\hat{\rho}=r$$

$$L=\tanh\left(z(r)-\frac{z_{1-\frac{\alpha}{2}}}{\sqrt{n-3}}\right)$$

$$U=\tanh\left(z(r)+\frac{z_{1-\frac{\alpha}{2}}}{\sqrt{n-3}}\right)$$

相関係数の検定では

帰無仮説H_0：$\rho=0$

対立仮説H_1：$\rho\neq0$

を検定することが多い。この検定を無相関の検定といい，上で定義した信頼区間が0を含むかどうかで判定できる。0を含むとき有意でないといい，0を含まないとき有意であるという結論を与える。

次の「問題の解決」の後半では，Rのプログラムcor.testを用いており，この場合はp値によって判定する。

課題の解決

実際に，課題の飛行機のデータについて計算を行ってみると，次のようになる。ここで，危険率$\alpha=0.05$とすれば，つまり，信頼水準を$1-0.05=0.95$とすれば，$z_{0.975}\simeq1.64$となり，

$$\hat{\rho}\simeq-0.9792$$

$$L=\tanh\left(-2.2779-\frac{1.64}{\sqrt{42-3}}\right)\simeq-0.9888$$

$$U=\tanh\left(-2.2779+\frac{1.64}{\sqrt{42-3}}\right)\simeq-0.9614$$

が得られる。標高と気温の相関係数は-0.9792と，高い相関を表している。区間推定のそれぞれの信頼限界も近い値を取り，区間$(L,\ U)$は0を含んでいないので，有意水準5％で有意ということがいえる。

実際の計算はRを利用することが簡便であり，次のようなRコードで実現ができる。

```
> cor.test(~height+temp,data=plane)


    Pearson's product-moment correlation
```

```
data:  height and temp
t = -30.528, df = 40, p-value < 2.2e-16
alternative hypothesis: true correlation is not equal to 0
95 percent confidence interval:
 -0.9888461 -0.9613991
sample estimates:
      cor
-0.9792068
```

cor.testにおける~height+tempは式を示しており，目的変数と説明変数との区別がないので~から始まる式を用いる。あとで述べる回帰分析の場合は，明示的に目的変数と説明変数の区別があるので，目的変数~説明変数のようにする必要がある。相関分析の場合は2つの変数，例えば，x1とx2の相関係数を推定したい場合には，式は，~x1+x2のようにする。相関係数の定義では，xとyはその定義から可換であるので，~x2+x1としても同じである。

11.2 回帰分析

相関係数の節では2つの変数の線形関係を扱ったが，回帰分析では，一方の変数を固定したときの他の変数の予測を目的とした分析を行う。最初に課題として高度と気温の関係では，高度を1000 mと決めたときに，気温はどうなるかということを知りたい。相関分析では，2つの変数の線形関係の強さはわかっても，一方の変数を固定したときの他方の変数の値を予測することはできない。

回帰分析は，進化論の提唱者として有名な優生学者C.R.ダーウィン(1809−1882)の弟子F.ゴルトン(1822−1911)の「親の背の高さは子供に遺伝するか」という研究に始まる。

直線回帰をする際の直線のあてはめには次のような方法が考えられる。散布図を見ながら目視によって，最も ふさわしいと考えられる直線を引く(信頼性工学におけるワイブル確率紙の利用では目視で線を引くことが多い)。

最小2乗法：直線を$y=a+bx$と表して，係数aとbの値を予測誤差を何らかの意味で最小になるようにうまく決める。予測誤差の平方和を最小にする方法が考えられる。

$$S(a, b)=\sum_{i=1}^{n}\{y_i-(a+bx_i)\}^2$$

を最小にするようにaとbの値を決定する。この方法は最小2乗法とよばれ，C. F.ガウス(1777−1855)によって始まった。次のようにaとbの値を決定する。

$$\frac{\partial S}{\partial a}=-2\sum_{i=1}^{n}(y_i-a-bx_i)=0$$

$$\frac{\partial S}{\partial b}=-2\sum_{i=1}^{n}(y_i-a-bx_i)x_i=0$$

これを整理して，次の正規方程式(normal equation)とよばれるaとbに関する連立方程式が得られる。

$$na+\left(\sum_{i=1}^{n}x_i\right)b=\sum_{i=1}^{n}y_i$$

$$\left(\sum_{i=1}^{n}x_i\right)a+\left(\sum_{i=1}^{n}x_i^2\right)b=\sum_{i=1}^{n}x_iy_i$$

正規方程式の解を$\hat{a}$，$\hat{b}$とおけば，

$$\hat{a}=\overline{y}-\hat{b}\overline{x}$$

$$\hat{b}=\frac{\sum_{i=1}^{n}(x_i-\overline{x})(y_i-\overline{y})}{\sum_{i=1}^{n}(x_i-\overline{x})^2}$$

のように解くことができる。したがって，最小2乗法によって求められた直線の方程式は，

$$y=\overline{y}+\hat{b}(x-\overline{x})$$

となる。この直線の方程式は，xとyそれぞれの平均の値である点$(\overline{x}, \overline{y})$を通り，傾き$\hat{b}$の直線を表していることに注意する。

11.2.1 回帰直線と相関係数との関係

相関係数は変数xとyの直線性の強さを測る尺度であると述べたが，回帰直線と次のような関係がある。データ$\{(x_i, y_i) : i=1, \cdots, n\}$において，それぞれの偏差平方和(単に平方和ということもある)，積和を

$$SS_{xx}=\sum_{i=1}^{n}(x_i-\overline{x})^2$$

$$SS_{yy}=\sum_{i=1}^{n}(y_i-\overline{y})^2$$

$$SS_{xy}=\sum_{i=1}^{n}(x_i-\overline{x})(y_i-\overline{y})$$

とすれば，最小2乗法によって求められた$\hat{b}$と相関係数との間には，次のような関係が成り立つ。

$$\hat{b}=\frac{SS_{xy}}{SS_{xx}}=\frac{SS_{xy}}{\sqrt{SS_{xx}SS_{yy}}}\times\sqrt{\frac{SS_{yy}}{SS_{xx}}}=r\sqrt{\frac{SS_{yy}}{SS_{xx}}}$$

つまり，直線の傾きの符号と相関係数の符号とは一致し，相関係数が正であれば，直線の傾きは正であり，相関係数が負であれば，直線の傾きは負であるということである。また，$\hat{b}$は相関係数にxとyのそれぞれの偏差平方和の比率の平方根を掛けたものになっているということである。

11.2.2 回帰直線のあてはまり

回帰直線のあてはまりの程度を調べる方法として全変動（総平方和）の分解がある。y全体の偏差平方和を総平方和といい，次式で定義される。

$$S_T=SS_{yy}=\sum_{i=1}^{n}(y_i-\overline{y})^2$$

このとき，S_Tは，次のようなS_RとS_eに分解することができる。S_Rを回帰による平方和，S_eを残差平方和とよぶ。

$$\begin{aligned}S_T&=\sum_{i=1}^{n}\{(y_i-\hat{y}_i)+(\hat{y}_i-\overline{y})\}^2\\&=\sum_{i=1}^{n}(\hat{y}_i-\overline{y})^2+\sum_{i=1}^{n}(y_i-\hat{y}_i)^2\\&=\sum_{i=1}^{n}r_i^2+\sum_{i=1}^{n}e_i^2\\&=S_R+S_e\end{aligned}$$

ここに，e_iは残差とよばれ，$e_i=y_i-\hat{y}_i$で定義される。この分解の過程で，クロスタームについて，$\sum_{i=1}^{n}(y_i-\hat{y}_i)(\hat{y}_i-\overline{y})=0$であることに注意されたい（11.3演習問題参照)。

さらに，残差平方和の計算において，最小2乗法によって求められた直線の方程式を代入すれば

$$\begin{aligned}S_e&=\sum_{i=1}^{n}(y_i-\hat{y}_i)^2\\&=\sum_{i=1}^{n}\{y_i-\overline{y}-\hat{b}(x_i-\overline{x})\}^2\end{aligned}$$

$$=\sum_{i=1}^{n}(y_i-\overline{y})^2-2\hat{b}\sum_{i=1}^{n}(y_i-\overline{y})(x_i-\overline{x})+\hat{b}^2\sum_{i=1}^{n}(x_i-\overline{x})^2$$

$$=SS_{yy}-\frac{SS_{xy}^2}{SS_{xx}}$$

$$=SS_{yy}\left\{1-\frac{SS_{xy}^2}{SS_{xx}SS_{yy}}\right\}$$

$$=S_T(1-r^2)$$

となる。したがって

$$S_T=S_R+S_T(1-r^2)$$

となり

$$\frac{S_R}{S_T}=r^2$$

が得られる。この最終式は非常に重要で，解釈としては，左辺が全変動のうち，どのくらいが回帰部分で説明がついているかの割合である。つまり，xによって説明されるyの全変動に対する割合であり，この値が大きいほどあてはまりがよいことを示している。右辺はxとyとの標本相関係数の2乗である。ここに，観測値y_iと予測値$\hat{y}_i$の標本相関係数は，

$$\frac{\sum_{i=1}^{n}(y_i-\overline{y})(\hat{y}_i-\overline{\hat{y}})}{\sqrt{\sum_{i=1}^{n}(y_i-\overline{y})^2\sum_{i=1}^{n}(\hat{y}_i-\overline{\hat{y}})^2}}=\frac{\sum_{i=1}^{n}(y_i-\overline{y})\{\overline{y}+\hat{b}(x_i-\overline{x})-\overline{y}\}}{\sqrt{\sum_{i=1}^{n}(y_i-\overline{y})^2\sum_{i=1}^{n}\{\overline{y}+\hat{b}(x_i-\overline{x})-\overline{y}\}^2}}$$

$$=\frac{\hat{b}\sum_{i=1}^{n}(y_i-\overline{y})(x_i-\overline{x})}{\hat{b}\sqrt{\sum_{i=1}^{n}(y_i-\overline{y})^2\sum_{i=1}^{n}(x_i-\overline{x})^2}}=r$$

の関係があり，xとyとの標本相関係数に等しいことがわかる。この値を重相関係数という。また，その2乗を決定係数といい上の関係式から推定された回帰式の総変動に対する説明割合を示していると理解できる。

課題の解決

課題で計算例を見ることにしよう。xとyそれぞれの平方和，積和は次のように計算され，それを用いてa, bの値を求めれば，次のようになる。

$\overline{x}=10269.64$,　$\overline{y}=50.04762$

$S_T=SS_{yy}=10689.9$,　$SS_{xx}=274459934$,　$SS_{xy}=-1677262$

$$\hat{b}=\frac{SS_{xy}}{SS_{xx}}\simeq\frac{-1677262}{274459934}\simeq-0.006111135$$

$$\hat{a}=\overline{y}-\hat{b}\overline{x}\simeq-50.04762-(-0.006111135)\times10269.64\simeq12.712$$

この程度の計算は電卓で可能であるが，実際には，大きなデータを扱ったり，説明変数の数が大きくなったりすると，電卓では困難であり，R等の統計パッケージを用いる必要がある。

この課題の例では，次のようにする。

```
> ans=lm(temperature~height,data=plane)
> summary(ans)

Call:
lm(formula = temperature ~ height, data = plane)

Residuals:
    Min      1Q  Median      3Q     Max
-5.6952 -2.7030 -0.0685  2.4328  5.9315

Coefficients:
             Estimate Std. Error t value Pr(>|t|)
(Intercept) 12.7115551  2.1185217    6.00 4.72e-07 ***
height      -0.0061111  0.0002002  -30.53  < 2e-16 ***
---
Signif. codes:  0 ‘***’ 0.001 ‘**’ 0.01 ‘*’ 0.05 ‘.’ 0.1 ‘ ’ 1

Residual standard error: 3.316 on 40 degrees of freedom
Multiple R-squared:  0.9588,    Adjusted R-squared:  0.9578
F-statistic:   932 on 1 and 40 DF,  p-value: < 2.2e-16
```

散布図に推定した直線をあてはめた図を示すと次のようになる。

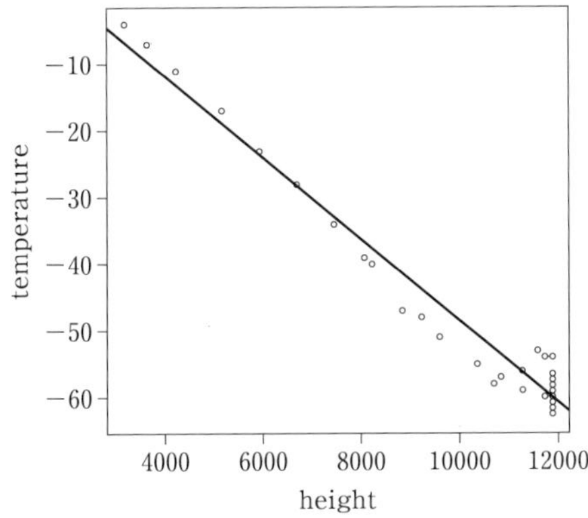

図11.9　飛行機の高度と外気温の関係

プロットされた図を見ても，決定係数$r^2=(-0.9792068)\simeq 0.9588$から見ても十分あてはまりはよいということができる。

対流圏とよばれる地表面から高度11 kmまでは，鉛直方向に空気が対流する。暖められた空気が上昇すると断熱膨張し，ボイル-シャルルの法則により気温が低減する。この気温の減少率は平均的に，100 mにつき0.65℃であるというのが物理学の解答である。本課題では，物理法則を意識しないでも，回帰分析により，減少率が約100 mにつき0.6℃と計算できたことになる。減少率は空気の水の含有率にも依存するので，およそ0.6℃という減少率の統計的推定値は精度的に優れたものと考えられる。

11.2.3　回帰式の推定の精度

回帰式の推定の精度について，ここでは，推定されたパラメータの区間推定，回帰直線の区間推定，将来観測値の予測区間の作成方法について考える。これには，いくつかの仮定が必要となる。単回帰のモデルとして

$$y_i=a+bx_i+\varepsilon_i \quad (i=1,\cdots,n)$$

ただし，ε_iは平均0，分散σ^2の正規分布に従うものとし，また，$\varepsilon_i, \varepsilon_j$ $(i \neq j)$は互いに独立と仮定する。σ^2の不偏推定値は

$$\hat{\sigma}^2=\frac{1}{n-2}\sum_{i=1}^{n}(y_i-\hat{y}_i)^2$$

である。まず，回帰直線を$\gamma(x)=a+bx$としたとき，$\hat{\gamma}(x)=\hat{a}+\hat{b}x$の平均と分

散は

$$E[\hat{\gamma}(x)]=\gamma(x)$$

$$Var[\hat{\gamma}(x)]=\left(\frac{1}{n}+\frac{(x-\bar{x})^2}{\sum_{i=1}^{n}(x_i-\bar{x})^2}\right)\sigma^2$$

であり，この関係を思量して，回帰直線の信頼区間が構成できる。つまり，

$$\frac{\hat{\gamma}(x)-\gamma(x)}{\sqrt{\left(\frac{1}{n}+\frac{(x-\bar{x})^2}{\sum_{i=1}^{n}(x_i-\bar{x})^2}\right)\hat{\sigma}^2}}\sim t(n-2)$$

となり，信頼水準$1-\alpha$の信頼区間は，

$$\hat{\gamma}(x)\pm t_{1-\frac{\alpha}{2}}(n-2)\sqrt{\left(\frac{1}{n}+\frac{(x-\bar{x})^2}{\sum_{i=1}^{n}(x_i-\bar{x})^2}\right)\hat{\sigma}^2}$$

で計算できる。ここに，$t_{1-\frac{\alpha}{2}}(n-2)$は自由度$n-2$の上側$1-\dfrac{\alpha}{2}$分位点を表し，$\hat{\sigma}^2$は分散の不偏推定値である。課題の問題で計算すると，次のようになる。

$$\hat{\gamma}(x)=12.7116-0.006111\times x$$

$$t_{1-\frac{0.05}{2}}(42-2)=t_{0.975}(40)\simeq 2.0211$$

$$\hat{\sigma}^2=\frac{S_T(1-r^2)}{n-2}=\frac{10689.9-0.9588}{42-2}\simeq 267.2236$$

$$\hat{\gamma}(x)\pm t_{1-\frac{0.05}{2}}(42-2)\sqrt{\left(\frac{1}{n}+\frac{(x-\bar{x})^2}{\sum_{i=1}^{n}(x_i-\bar{x})^2}\right)\hat{\sigma}^2}$$

$$\simeq 12.7116-0.006111\times x\pm 2.0211\times\sqrt{\left(\frac{1}{42}+\frac{(x-10269.64)^2}{274459934}\right)\times 10.99832}$$

また，データの将来観測値の予測区間を必要とする場合もある。これは，観測値$y_1,\cdots,y_n$とは独立に新しく，将来観測値を$x=x_0$で測定し，Y_{x_0}とする。このとき，Y_{x_0}がどんな範囲にするかを知りたい場合がある。

$$Y_{x_0}=a+bx_0+\varepsilon$$

$$E[Y_{x_0}]=a+bx_0$$

であるので，予測区間は

$$\frac{Y_{x_0}-(\hat{a}+\hat{b}x_0)}{\sqrt{Var[Y_{x_0}-(\hat{a}+\hat{b}x_0)]}}$$

に基づいて行うことになる。上式について，分子の期待値は0であり，分母の分散は

$$Var[Y_{x_0}-(\hat{a}+\hat{b}x_0)]=\left(1+\frac{1}{n}+\frac{(x_0-\overline{x})^2}{\sum_{i=1}^{n}(x_i-\overline{x})^2}\right)\sigma^2$$

となることが示せるので，信頼水準$1-\alpha$の予測帯域の予測限界は

$$(\hat{a}+\hat{b}x_0)\pm t_{1-\frac{\alpha}{2}}(n-2)\hat{\sigma}\sqrt{1+\frac{1}{n}+\frac{(x_0-\overline{x})^2}{\sum_{i=1}^{n}(x_i-\overline{x})^2}}$$

となる。x_0を動かして予測帯域を図示すると図11.10のようになる。下限と上限を与える関数は次のようになる。

$$pred(x_0)=12.7116-0.006111\times x\pm 2.0211\times\sqrt{1+\frac{1}{42}+\frac{(x_0-10269.64)^2}{274459934}}$$

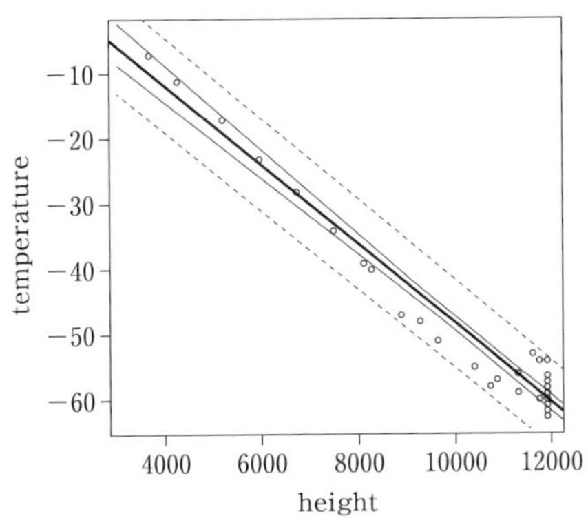

図11.10　回帰式の区間推定と予測帯域

太い実線は推定された回帰直線，細い実線は信頼水準95％の信頼区間，破線は信頼水準95％の予測区間である。2つの信頼領域は点$(\overline{x},\ \overline{y})$で最も狭くなる。

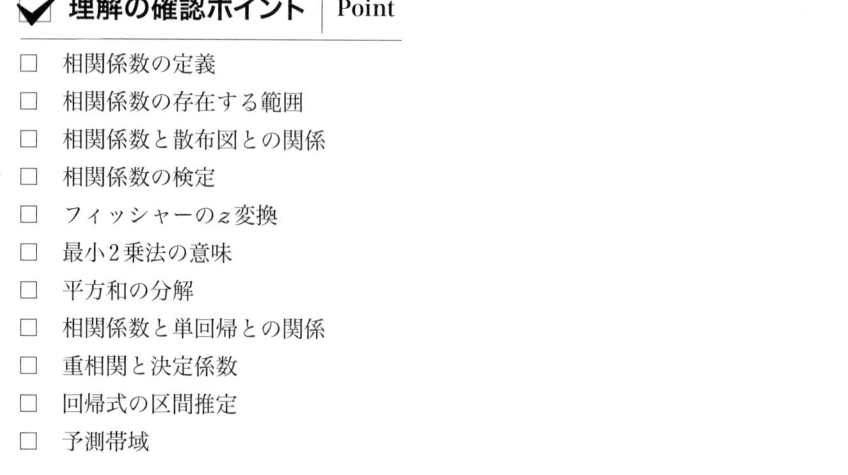

理解の確認ポイント Point

- □ 相関係数の定義
- □ 相関係数の存在する範囲
- □ 相関係数と散布図との関係
- □ 相関係数の検定
- □ フィッシャーの z 変換
- □ 最小2乗法の意味
- □ 平方和の分解
- □ 相関係数と単回帰との関係
- □ 重相関と決定係数
- □ 回帰式の区間推定
- □ 予測帯域

コラム 回帰分析の回帰とは

回帰分析の回帰は本来戻るという意味であり，鮭・鱒が生まれた川に回帰すると同じ意味である。どうして統計分析の手法の中に回帰という言葉が入ってきたのだろう。話は，優生学者，チャールズ・ダーウィンの弟子，フランシス・ゴルトンの研究にさかのぼる。親の身長は子供に遺伝するかという研究の結果，背の高い親からは，親より比較的背の低い子供が，逆に背の低い親からは，親よりも比較的背の高い子供が生まれ，集団として平均の身長に戻ると結論づけた。この研究の分析手法に回帰分析が使われたため，結果として集団の身長が平均に戻るということを分析手法のネーミングとされてしまったというのが事実である。この現象は「回帰の錯誤」とよばれ，Hoel (1981) に詳しく説明されている。このデータはRのlibraryに登録されており，

```
> library(HistData)
> data(GaltonFamilies)
```

として見ることができる。

11.3 演習問題

(1) Efron and Tibshirani (1993) の全米82の法科大学院の試験成績LSATと学部成績GPAのデータについて，次の問に答えよ。データはlibrary bootstrapにあり，データフレーム名はlaw82である。

(i) 横軸にGPA，縦軸にLSATをとった散布図を描け。

(ii) 2つの変数の相関係数を求めよ。

(iii) 無相関の検定をせよ。

(iv) フィッシャーのz変換をして無相関の検定をせよ。

(v) 目的変数をLSAT，説明変数をGPAとした単回帰モデルのパラメータを推定せよ。

(vi) 推定された回帰直線の信頼水準90％の区間推定をせよ。

(vii) 推定された回帰直線の信頼水準95％の区間推定をせよ。

(viii) 決定係数を求めよ。

(ix) (v)で推定したパラメータの有意性の検定をせよ。

(2) $\sum_{i=1}^{n}(y_i-\hat{y}_i)(\hat{y}_i-\bar{y})=0$であることを示せ。

(3) 最小2乗法によって求められた回帰直線は点$(\bar{x},\ \bar{y})$を通ることを示せ。

(4) 決定係数が予測値と観測値の相関係数の2乗となることを説明せよ。

(5) Rのformulaについて次の式が何を意味するか説明せよ。

(i) `y~x`

(ii) `y~1`

(iii) `y~x-1`

(iv) `y~x1+x2`

(v) `y~x+I(x-2)`

【参考文献】

● Hoel, P. G. (1981). *Elementary Statistics*, John Wiley & Sons (浅井晃，村上正康訳，初等統計学，培風館，1981).

第12章  Chapter 12

寿命分布推定

Key WORD

寿命分布，カプラン-マイヤー推定，指数分布，ワイブル分布，最尤法

この章の目的

寿命分布の扱いに慣れることと，右側打ち切りのある不完全データを活用して精度の高い寿命分布を推定することができるようになる。

この章の課題

次のような打ち切りのある寿命データについて，ノンパラメトリックな生存時間分布関数の推定方法と，寿命分布としてよく使われる指数分布，ワイブル分布のパラメータ推定を行う。

番号	time	打ち切りインディケータ
1	5	1
2	3	1
3	6	0
4	8	1
5	22	1

12.1 不完全データとは

製品の品質における重要な問題として，寿命という問題がある。購入した自動車がすぐ故障してしまったら消費者にとっても生産者にとっても大きな損失となる。工学製品の寿命を前もって知ることができれば適切な生産計画が立てられるし，消費者も寿命の長い安全な製品を手に入れることができる。寿命分布のデータの特徴としてあげられるのは，信頼性試験の時間的制約から**打ち切り試験**のような制約を受け，データが不完全になることが多いということである。打ち切りデータとしては，定時打ち切り試験，定数打ち切り試験，ランダム打ち切り試験が主たるものであるが，ここでは，前者の2つについて説明する。

定時打ち切り試験は，時間的な制約から定時Tで試験を打ち切る試験のことである。したがって，時刻Tで生き残っている製品の寿命はT以上生き延びているという情報のみで，寿命データとしては不完全である。定時打ち切りをType I打ち切りということもある。

また，試験標本サイズをnとしたとき，r個の製品が故障するまで待って，r個の故障が観測されたときに，試験を打ち切るという定数打ち切り試験もある。これは，Type II打ち切りともよばれる。定数打ち切り試験はあらかじめ予定した個数の打ち切りまでの試験時間が必要なので，試験時間がランダムであり，どのくらい時間がかかるか予備的な分析を行っておかなければ試験時間が大きくなりすぎることもあるので注意が必要である。2つの打ち切り試験の関係を模式的に表すと次のようになる。

12章

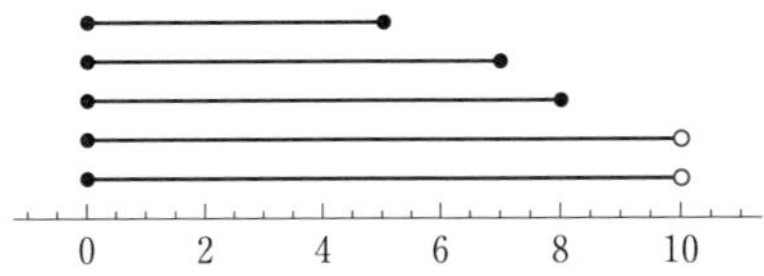

図12.1　大きさn=5の標本で10時間で打ち切りを表す図

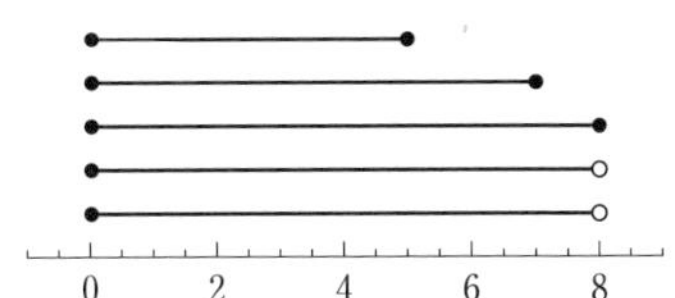

図12.2　大きさn=5の標本でr=3番目のデータの故障で打ち切りを表す図

12.2　カプラン-マイヤー法

これまでの方法はいずれも，完全データ，つまり，打ち切りがない場合の議論であったが，打ち切りが入ってくる場合には話はやや複雑になる。簡単のため，データは次のようにまとめられているものとする。

表12.1　データ整理

故障時点	t_1	…	t_j	…	t_k
故障数	d_1	…	d_j	…	d_k
残存数	n_1	…	n_j	…	n_k

ここでいう残存数n_jは，故障時点t_jの直前で生き残っているアイテムの数である。信頼度関数$R(t)$の**カプラン-マイヤー**(Kaplan–Meier)**推定量**は次のように表される(Kaplan and Meier, 1958)。

$$\widehat{R}(t)=\prod_{j:t_j\leqq t}\left(1-\frac{d_j}{n_j}\right)$$

$$\widehat{R}_0=1$$

$$\widehat{R}_1=1\times\left(1-\frac{1}{5}\right)=\frac{4}{5}$$

$$\widehat{R}_2=1\times\frac{4}{5}\times\left(1-\frac{1}{4}\right)=\frac{3}{5}$$

$$\widehat{R}_4=1\times\frac{4}{5}\times\frac{3}{5}\times\left(1-\frac{1}{2}\right)=\frac{6}{25}$$

これを図にしたものが下図である。

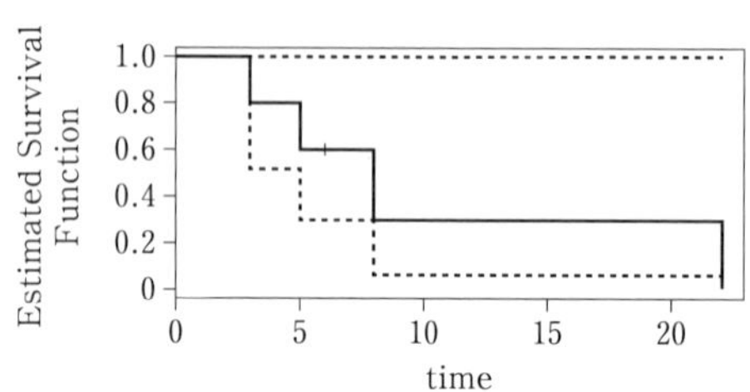

図12.3　カプラン-マイヤー推定の例

実際には，R言語を用いて作成しており，コードは以下のとおりである。

```
> library(survival)
> hmohiv2.1<-data.frame(time=c(5,3,6,8,22),censor=c(1,1,0,1,1))
> fit=survfit(Surv(time,censor)~1,data=hmohiv2.1)
> plot(fit,xlab="time",ylab="Estimated Survival Function")
```

図中の点線は信頼度関数（生存時間分布関数）のノンパラメトリック推定値の信頼区間を表すものであり，デフォルトでは信頼水準95％の信頼区間を与えるようになっている。conf.int=0.95のようにsurvfitの中のオプション引数として指定できる。

12.3 指数分布のパラメータ推定

指数分布を

$$f(t\,;\lambda)=\lambda e^{-\lambda t}\quad(\lambda,t>0)$$

のように表し，データ$t_1,\cdots,t_n$からλを推定する問題を考える。第10章練習問題10.1で見たように，最尤推定値は

$$\hat{\lambda}=\frac{n}{\sum_{i=1}^{n} t_i}$$

となる（詳しい説明は本書のwebサイトに載せてある）。打ち切りのない場合の最尤推定値は標本平均の逆数となっていることに注意する。また，結果のみを示すが，λの不偏推定量は

$$\tilde{\lambda}=\frac{n-1}{\sum_{i=1}^{n} t_i}$$

であることを示すことができる（練習問題10.1）。λに対する信頼水準$1-\alpha$の信頼区間は次のようになる。

$$\frac{2n\lambda}{\hat{\lambda}} \sim \chi^2(2n) \quad （自由度2nの\chi^2分布に従う）$$

であることにより

$$P\left(\chi^2_{\frac{\alpha}{2}}(2n) \leqq \frac{2n\lambda}{\hat{\lambda}} \leqq \chi^2_{1-\frac{\alpha}{2}}(2n)\right)=1-\alpha$$

であるので

$$\frac{\hat{\lambda}}{2n}\chi^2_{\frac{\alpha}{2}}(2n) \leqq \lambda \leqq \frac{\hat{\lambda}}{2n}\chi^2_{1-\frac{\alpha}{2}}(2n)$$

打ち切りのある場合，データセットを$(t_1, \delta_1), \cdots, (t_n, \delta_n)$のように，打ち切りインディケータとの組で表すことにする。$\delta_i=1$のとき，t_iは寿命の観測値を表し，$\delta_i=0$のとき，t_iは打ち切り時間を示し，これは寿命時間がt_iより先であることを意味する。

$$\sum_{i=1}^{n} \delta_i = d$$

とすれば，これは完全に寿命が観測された個数を示し，故障数がdであるということができる。指数分布を仮定した場合，λの最尤推定値は次のように表すことができる。

$$\hat{\lambda}=\frac{d}{\sum_{i=1}^{n} t_i}$$

また，完全データと同様にその信頼水準$1-\alpha$の信頼区間は次のようになる。

$$\frac{\hat{\lambda}}{2d}\chi^2_{\frac{\alpha}{2}}(2d) \leqq \lambda \leqq \frac{\hat{\lambda}}{2d}\chi^2_{1-\frac{\alpha}{2}}(2d)$$

つまり，推定量の精度は観測される故障率に大きく依存することになる。

12
章

課題の解決

課題では，$d=4$，$\sum_{i=1}^{n} t_i=5+3+6+8+22=44$，$\lambda$の最尤推定値は，

$\hat{\lambda}=\frac{4}{44}\simeq 0.0909$，信頼水準95％の信頼区間は，$\chi^2_{0.025}(8)\simeq 2.1797$，

$\chi^2_{0.975}(8)\simeq 17.5346$であるので

$$\left(\frac{0.0909}{2\times 4}\times 2.1797,\ \frac{0.0909}{2\times 4}\times 17.5346\right)=(0.02477,\ 0.1992)$$

となる。

12.4 ワイブル分布のパラメータ推定

ワイブル（Weibull）**分布**は工学・医学の分野でよく使われる寿命分布であり，本節では，2つのパラメータを持つ，確率密度関数が次式で与えられるパラメータ推定の問題を扱う。mを形状パラメータ（shape parameter），ηを尺度パラメータ（scale parameter）という。

$$f(t\,;m,\eta)=\left(\frac{m}{\eta}\right)\left(\frac{t}{\eta}\right)^{m-1}e^{-\left(\frac{t}{\eta}\right)^m}\quad (t,m,\eta>0)$$

ワイブル分布は$m=1$のとき，指数分布となり，また，$m=2.5$付近で正規分布を近似することも可能であり，応用範囲が広い。パラメータの推定量は明示的に表現することが困難で，繰り返し計算を行って数値的に解く必要がある。

表12.2にデータの例を示す。

表12.2　23個のボールベアリングの故障データ

単位（100万回転）

1	2	3	4	5	6	7	8
17.88	28.92	33.00	41.52	42.12	45.60	48.48	51.84
9	10	11	12	13	14	15	16
51.96	54.12	55.56	67.80	68.63	68.64	68.88	84.12
17	18	19	20	21	22	23	
93.12	98.64	105.12	105.84	127.92	128.04	173.40	

Lieblein and Zelen（1956）

Rのプログラムを用いる点推定値は次のようになる。

```
> weib.comp.est(bearing)
        m        eta
 2.102045 81.877856
```

この推定値をワイブル分布の確率密度関数に代入して，ヒストグラムに上書きすれば，図12.4のようになり，あてはまりも確認ができる。

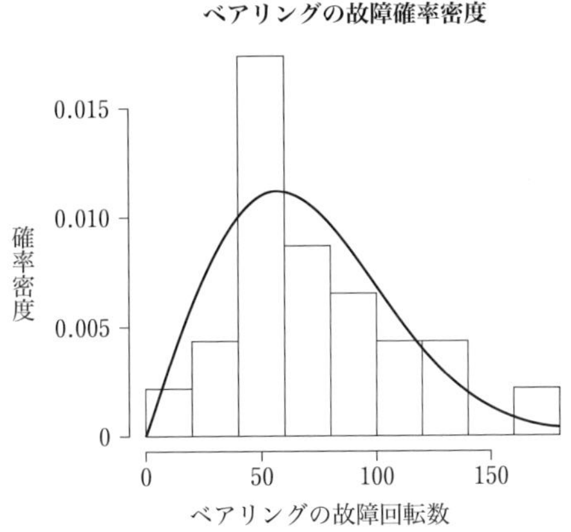

図12.4　データと最尤推定値のあてはめ

課題のデータは不完全データであり，すなわち，打ち切りデータを含んでいる。この場合は次のようにRを用いて計算ができる。

```
> weib.incomp.est(c(5,3,6,8,22),c(1,1,0,1,1))
        m        eta
 1.481754 11.515332
```

あてはまりを見るために，上で求めた信頼度関数（生存関数）に推定結果を上書きしてみる。

12
章

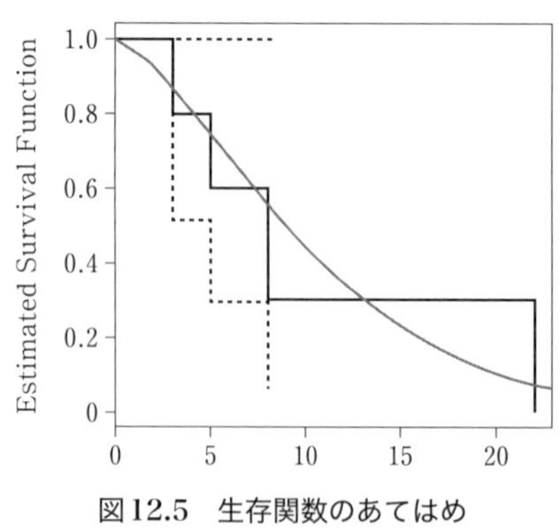

図12.5　生存関数のあてはめ

図12.5の階段関数として描かれた実線は，生存時間分布関数のカプラン-マイヤー推定値，破線はその信頼水準(信頼係数)95％の信頼区間，滑らかな実線はプログラムweib.incomp.estによって求められたワイブル分布のパラメータの推定値を代入して得られた，ワイブル分布の生存時間分布関数をプロットしたものである。カプラン-マイヤー推定値は分布を仮定しない，いわゆる，ノンパラメトリックの方法であり，分布の仮定の妥当性が明確でない場合によく用いられる。ワイブル分布は未知パラメータが2つという少ないパラメータで寿命データに対してのあてはまりがよいことがわかる。カプラン-マイヤー推定値のほぼ中央付近を通っていることが確認できる。

理解の確認ポイント｜Point

- □　指数分布の性質
- □　ワイブル分布の性質
- □　打ち切りデータの扱い方
- □　定時打ち切り
- □　定数打ち切り
- □　Type I打ち切りの使い方
- □　Type II打ち切りの使い方
- □　カプラン-マイヤー推定量のよさ
- □　生存関数と信頼度関数の関係

コラム

ワイブル分布は工学，医学，薬学の分野で広く使われている。少ないパラメータで種々の形状の分布を表現できるからである。また，最小値の分布がまたワイブル分布に従うという便利な性質を持っている。正規分布やガンマ分布では，和の演算について閉じている，つまり，和の分布はまた元の分布のクラスに入るという意味で閉じている。ワイブル分布は最小値を取ると演算に対して閉じているということになる。これは次のように示される。

$X_1, \cdots, X_n$が独立にパラメータm，ηを持つワイブル分布に従うものとすると，最小値，$Z=\min(X_1, \cdots, X_n)$とすれば

$$\begin{aligned} F_Z(z) &= P(Z \leqq z) \\ &= 1-P(\min(X_1, \cdots, X_n)>z) \\ &= 1-P(X_1>z, \ \cdots, \ X_n>z) \\ &= 1-\{1-F_X(z)\}^n \\ &= 1-\left[\exp\left\{-\left(\frac{z}{\eta}\right)^m\right\}\right]^n \\ &= 1-\exp\left\{-\left(\frac{z}{\eta n^{-\frac{1}{m}}}\right)^m\right\} \end{aligned}$$

つまり，最小値の分布は形状パラメータm，尺度パラメータ$\eta n^{-\frac{1}{m}}$であるワイブル分布となることがわかる。ここで重要なことは，形状パラメータが変化しないということである。

 12.5 演習問題

(1) ボールベアリングのデータについて，カプラン-マイヤー推定値を求めよ。

(2) 課題にあげた，標本サイズ$n=5$のデータについて，指数分布を仮定し，$\theta=\dfrac{1}{\lambda}$としてパラメータ化し，$\theta$の最尤推定値を求めよ。$\theta$の不偏推定値としてふさわしいものを1つ答えよ。

【参考文献】

● Kaplan, E.L. and Meier, P. (1958). Nonparametric estimation from incomplete observations, *Journal of American Statistical Association*, 53, 282, 457－481.

- Lieblein, J. and Zelen, M. (1956). Statistical investigation of the fatigue life of Deep-Groove ball bearings, *Journal of Research of the National Bureau of Standards*, 57, 5, 273−316.
- Weibull, W. (1951). A statistical distribution function of wide applicability, *Journal of Applied Mechanics*, 18, 293−297.

このサイコロは正しいの？～適合度検定

Key WORD

χ^2検定，適合度検定，分割表，独立性の検定

この章の目的

本章では，確率どおりにデータが出現しているかどうかを調べる検定法として適合度検定を学ぶ。さらに属性間で起こる事象が独立であるかどうかの検定が適合度検定でできることを学ぶ。

この章の課題

一般にサイコロは1～6の目が等しい確率$\frac{1}{6}$で出現することを前提に使っている。しかし，今実際に使用しているサイコロがこの前提条件を満たしているかどうか誰にもわからない。そのため何回もサイコロを振って仮説検定で確認するしかない。例えば，サイコロを120回振ったところ

出た目	1	2	3	4	5	6
回数	19	24	18	17	25	17

のような結果を得た。確率どおりであれば期待回数は$120\times\frac{1}{6}=20$回なので，5の目が25回も出現したのは多く見えるが，確率は等しくないといえるのであろうか？

13.1 適合度検定

血液型の分類の1つとしてABO式血液型があり，A型，B型，O型，AB型の4つに分類できる。この4種類の血液型の分布は地域や人種によって異なることが知られており，日本人の血液型の分布はおよそA型：40％，B型：20％，O型：30％，AB型：10％といわれている。実際に200人の血液型を調べたところ

血液型	A	B	O	AB
観測回数	71	49	54	26

であった。この200人の血液型の分布と日本人の血液型の分布が等しいかどうか調べるにはどのようにしたらよいであろうか。

確率どおりにデータが出現しているかどうかを調べるために仮説検定を行う場合，帰無仮説と対立仮説は

帰無仮説：200人の血液型はA型：40％，B型：20％，O型：30％，AB型：10％の割合で出現している。

対立仮説：200人の血液型はA型：40％，B型：20％，O型：30％，AB型：10％の割合で出現していない。

とおけばよい。実際に4つのカテゴリー(A，B，O，AB)の観測回数，期待回数とその差を求めると

血液型	A	B	O	AB
観測回数	71	49	54	26
期待回数	80	40	60	20
期待回数との差	−9	9	−6	6

のようになっている。このとき観測回数と期待回数との差が大きければ「確率が等しくない」と判断することになるが，どのような基準で差を調べればよいのであろうか。観測回数と期待回数との差には正と負の値があり，単純に足してしまうと0になってしまう。これでは大小関係が調べられないので，差を2乗することによってすべて正の値にして和を求める。例では234となるが，もし調べる人数を2倍の400人としたとき，観測回数も2倍であったとすると

血液型	A	B	O	AB
観測回数	142	98	108	52
期待回数	160	80	120	40
期待回数との差	−18	18	−12	12

とした場合，差の2乗和は936と元の4倍になる。2乗和の値は調査する人数を増やすだけでどんどん大きくなってしまう。また，例ではすべての期待回数が異なる。そのため，例えば「期待回数が10のときの差が1(10％のずれ)」と「100のときの差が1(1％のずれ)」を同じ値で評価することは適当ではない。そこで一般にはk個のカテゴリーがある場合，次のように期待回数で差の2乗を割った値の

和を統計量として考える。

$$\chi^2=\sum_{i=1}^{k}\frac{\{(i\text{番目のカテゴリーの観測回数})-(i\text{番目のカテゴリーの期待回数})\}^2}{(i\text{番目のカテゴリーの期待回数})}$$

実際に例のデータを使ってこの値を求めると

$$\chi^2=\frac{81}{80}+\frac{81}{40}+\frac{36}{60}+\frac{36}{20}=\frac{87}{16}=5.4375$$

のように5.4375である。この値は調査する人を変えるごとに値が変化するので確率変数と考えることができるが，どのような分布になるのであろうか。実際にコンピュータを使ってシミュレーション実験を行うと次のようなヒストグラムが得られる。

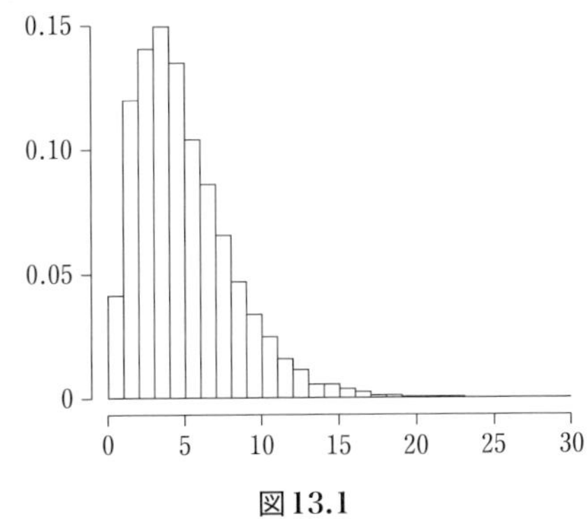

図13.1

この分布を理論的に求めると自由度3のχ^2分布であり，ヒストグラムにグラフを重ねるとほぼ一致していることがわかる。

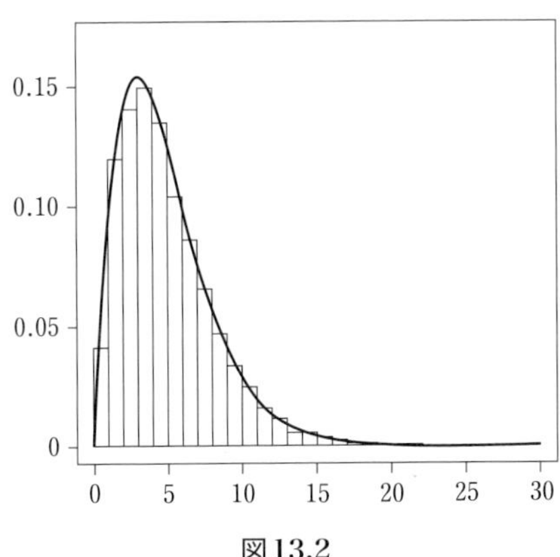

図13.2

13
章

帰無仮説を棄却するかどうかの基準については，観測回数と期待回数との差が大きくなればχ^2の値も大きくなるので，ある一定以上の大きさになったとき棄却することになる。自由度3のχ^2分布の上側5％の点はRを用いて`qchisq(0.95, 3)`の結果より7.815であるから，求めた$\chi^2=5.4375$では帰無仮説を棄却することはできない。つまり調べた200人の血液型の分布と日本人の血液型の分布が違っていることを，このデータでは判断できないことを意味している。

一般にk個のカテゴリーがあり，i番目のカテゴリーの観測回数をo_i，その期待回数をe_iとしたとき，

帰無仮説：理論値どおりの確率で出現している

対立仮説：理論値どおりの確率で出現していない

を検定する場合，統計量として

$$\chi^2=\sum_{i=1}^{k}\frac{(o_i-e_i)^2}{e_i}$$

を用いる。χ^2は，期待回数の最小値が5以上，つまり$e_i \geqq 5\ (i=1, \cdots, k)$であれば，$\chi^2$分布で近似できることが知られている。今回の血液型のデータでは最小値が$e_4=20$と5より明らかに大きく条件を満たしているが，$e_i<5$となるi番目のカテゴリーが存在する場合には，i番目のカテゴリーを他のカテゴリーと合わせて新しいカテゴリーとして，新たに$e_i^* \geqq 5\ (i=1, \cdots, l)$となるようにカテゴリーをまとめればよい。

課題の解決

この問題の帰無仮説と対立仮説は，

帰無仮説：1〜6の目が出る確率は等しい

対立仮説：1〜6の目が出る確率は等しくない

であるから，期待回数はすべて$20\left(=120\times\frac{1}{6}\right)$である。よって観測回数，期待回数，期待回数との差は次のようになる。

出た目	1	2	3	4	5	6
観測回数	19	24	18	17	25	17
期待回数	20	20	20	20	20	20
期待回数との差	−1	4	−2	−3	5	−3

この結果を用いてχ^2の値を求めると

$$\chi^2=\frac{1}{20}+\frac{16}{20}+\frac{4}{20}+\frac{9}{20}+\frac{25}{20}+\frac{9}{20}=\frac{64}{20}=3.2$$

である。カテゴリーの数が6なので，χ^2は自由度5のχ^2分布に従う。自由度5のχ^2分布の上側5％の点はRを用いて`qchisq(0.95,5)`の結果より11.07であるから，帰無仮説を棄却することができない。つまり「このサイコロは1〜6の目が出る確率は等しくない」ことが，このデータからは判断できないことを意味している。

練習問題13.1

実際にサイコロを120回振って，1〜6の目が出る確率は等しいかどうか有意水準5％で検定せよ。

13.2 分割表の独立性の検定

13章

ある大学の2つの学部で「数学が得意か不得意か」のアンケートに対して次のような結果を得た。

	得意	不得意	計
理学部	135	55	190
工学部	133	87	220
計	268	142	410

この結果を見ると理学部の方が数学が得意な人が多いように見えるが，学部の違いと数学の得意・不得意の間に何らかの関係があるといえるのであろうか。

この問題も仮説検定を行えばよい。この場合の帰無仮説と対立仮説は，

帰無仮説：学部の違いと数学の得意・不得意の間に関係がない

対立仮説：学部の違いと数学の得意・不得意の間に何らかの関係がある

である。注意すべき点として，表は得られたデータをまとめたものであり，実際に得られるn個のデータは

番号	学部	得意・不得意
1	理学部	数学が得意である
2	工学部	数学が得意である
3	工学部	数学が不得意である
⋮	⋮	⋮
n	理学部	数学が不得意である

のような形をしている。このデータは2つの属性「A：学部」と「B：数学が得意か？」に対して，それぞれが2つのカテゴリー「A_1：理学部」・「A_2：工学部」と「B_1：得意」・「B_2：不得意」に分類されていて，その組合せは次の4通りである。

「$A_1 \cap B_1$：理学部・得意」「$A_1 \cap B_2$：理学部・不得意」

「$A_2 \cap B_1$：工学部・得意」「$A_2 \cap B_2$：工学部・不得意」

$A_i \cap B_j$である観測度数をO_{ij}としたとき，表にしたものが

	B_1	B_2	計
A_1	O_{11}	O_{12}	n_1
A_2	O_{21}	O_{22}	n_2
計	m_1	m_2	n

であり，**2×2分割表**もしくは単に分割表・クロス集計表などとよばれる。

この仮説検定の帰無仮説が正しければ，2つの属性間に関係がないので，その2つの属性A, Bは独立であり，それぞれの出現確率の積で書ける。つまり

$$P(A_i \cap B_j) = P(A_i) \cdot P(B_j)$$

がすべてのi, jに対して成立する。帰無仮説が真であれば，観測度数O_{ij}の期待度数は

$$E_{ij} = n \cdot P(A_i) \cdot P(B_j)$$

で求めることができる。このように考えると前節の適合度検定を用いることができる。しかし今回の場合，出現確率は未知であるから推定して置き換える必要がある。$P(A_i)$はn人中n_i人なので，その推定値は$\dfrac{n_i}{n}$，同様に$P(B_i)$はn人中m_i人なので，その推定値は$\dfrac{m_i}{n}$であることを用いれば期待回数は

$$\widehat{E}_{ij} = n \cdot \frac{n_i}{n} \cdot \frac{m_j}{n} = \frac{n_i m_j}{n}$$

のように推定することができる。このとき適合度検定の統計量

$$\chi^2 = \sum_{i=1}^{2} \sum_{j=1}^{2} \frac{(O_{ij} - \widehat{E}_{ij})^2}{\widehat{E}_{ij}}$$

はnが十分大きく，各カテゴリーに含まれる観測回数が5以上であれば，自由度$(2-1)(2-1)=1$のχ^2分布で近似できる。また，χ^2の値については

$$\chi^2 = \frac{n(O_{11}O_{22} - O_{12}O_{21})^2}{n_1 n_2 m_1 m_2}$$

のように式の整理ができる。このことを利用して検定を行うことができる。

(13.2) 実際に「数学が得意か不得意か」のアンケート結果から，学部の違いと数学の得意・不得意の間に関係があるかどうか，有意水準5％で検定せよ。

解説　アンケートの結果から，統計量の値を求めると

$$\chi^2=\frac{410(135\times87-55\times133)^2}{268\times142\times190\times220}=5.058\cdots$$

である。χ^2の値は自由度1のχ^2分布に従うので，上側5％の点をRを用いて求めると，`qchisq(0.95,1)`の結果より3.841である。以上の結果より$\chi^2=5.058>3.841$であるから帰無仮説を棄却することができる。つまり対立仮説が正しいと判断できるので「学部の違いと数学の得意・不得意の間には関係がある」といえる。

練習問題13.2

頭痛薬の効果を調べるため，薬A（本当の薬）と薬B（偽薬：プラシーボ）を2つのグループに与えたところ次のような結果を得た。薬の効果に差があるかどうか有意水準1％で検定せよ。

	効果あり	効果なし
薬A	178	52
薬B	146	74

13章

ここまで，2つの属性A，Bに対して，それぞれカテゴリー数が2である2×2分割表の場合の話をしたが，一般に2つの異なる属性A，Bに対して，それぞれs個のカテゴリー$A_1,\cdots,A_s$とt個のカテゴリー$B_1,\cdots,B_t$に分類されている場合を考えることもできる。このときカテゴリーA_iかつB_jである観測度数をO_{ij}としたとき，データを分割表を用いて表すと次のようになる。

	B_1	B_2	$\cdots$	B_t	計
A_1	O_{11}	O_{12}	$\cdots$	O_{1t}	n_1
A_2	O_{21}	O_{22}	$\cdots$	O_{2t}	n_2
$\vdots$	$\vdots$	$\vdots$		$\vdots$	$\vdots$
A_s	O_{s1}	O_{s2}	$\cdots$	O_{st}	n_s
計	m_1	m_2	$\cdots$	m_t	n

このような**$s\times t$分割表**の場合についても，独立かどうか検定することが可能である。2×2分割表の場合と同様に期待度数の推定値は

$$\widehat{E}_{ij}=n\times\frac{n_i}{n}\times\frac{m_j}{n}=\frac{n_im_j}{n}$$

であるから，適合度検定を用いると統計量

$$\chi^2=\sum_{i=1}^{s}\sum_{j=1}^{t}\frac{(O_{ij}-\widehat{E}_{ij})^2}{\widehat{E}_{ij}}$$

はnが十分大きく，すべてのi, jに対して$E_{ij}\geqq 5$であるとき，この値は自由度$(s-1)(t-1)$のχ^2分布に従うことになる。

13.2.1 フィッシャーの精密確率検定

2×2分割表の独立性の検定は，十分nが大きいときχ^2分布で近似できることを利用した検定法である。もしnが小さく，カテゴリーに含まれる期待回数の最小値が5より小さいものがあるような場合，χ^2分布で近似できなくなってしまい，そのままでは検定ができない。このような場合，**フィッシャーの精密確率検定**(Fisher's exact test)を用いることができる。フィッシャーの精密確率検定はn_1, n_2, m_1, m_2を固定し，条件を満たすすべてのO_{ij}の場合の組合せの確率計算が必要になるなど，計算が複雑になるため詳細は省略するが，コンピュータを使わずに計算することは困難である。しかし，Rを用いて計算する場合は1行のプログラムで簡単に検定を行うことができる。

例えば，前節の例のアンケートを行った人数が非常に少なく

	得意	不得意	計
理学部	3	7	10
工学部	9	1	10
計	12	8	20

のような場合，χ^2分布を使った分割表の検定法が使えない。この問題に対してフィッシャーの精密確率検定を適用すると

```
> fisher.test(matrix(c(3,7,9,1),nrow=2))
      Fisher's Exact Test for Count Data
data:  a
p-value = 0.01977
alternative hypothesis: true odds ratio is not equal to 1
95 percent confidence interval:
 0.0009621944 0.7209145117
sample estimates:
```

```
odds ratio
0.05788421
```

のように簡単に確率(p-value)が0.01977であると計算してくれるので，有意水準5％と比較して値が小さいことから帰無仮説を棄却することができる。つまり「学部の違いと数学の得意・不得意の間には関係がある」といえる。

練習問題13.3

練習問題13.2の問題をRを使ってフィッシャーの精密確率検定を行い，χ^2検定の結果と比較せよ。

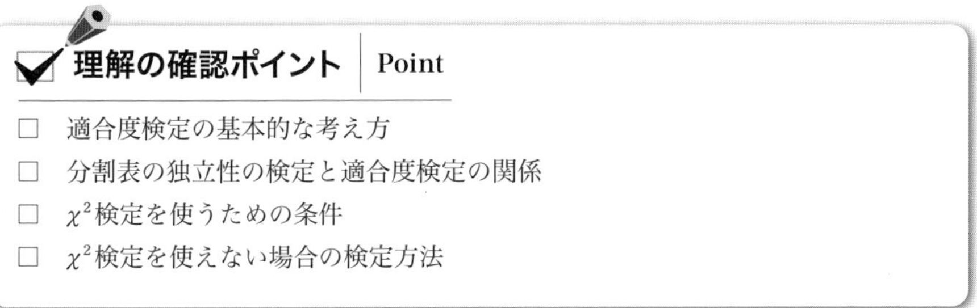

理解の確認ポイント Point

- □ 適合度検定の基本的な考え方
- □ 分割表の独立性の検定と適合度検定の関係
- □ χ^2検定を使うための条件
- □ χ^2検定を使えない場合の検定方法

コラム　サイコロの確率について

サイコロの確率は一般的に1〜6の目が出る確率は等しいとしているが，これはあくまでも理想的な状況のもとであって，現実に1〜6の目が出る確率が等しくなるようなサイコロを作るのは大変である。特に一般的に売られているサイコロは，正六面体の各面を少し凹ませて色を付けているため，目の値によって凹ませる数が異なる等，明らかに重心が偏ってしまい確率が等しいとはいえない状況にある。このような場合，どの目が出やすいかというと，サイコロを振ったとき重い面が下になりやすいため，反対の面との差が大きい5の目が出やすいといわれている(1の目は他に比べて大きくけずられているので反対側の6の目との差が小さい)。ただし，実際には，材質の問題や作製時の精度の問題，さらに長く使用していれば表面が擦り減ってしまうなどの外的要因が多いため，どの目が出やすいかはサイコロによるとしかいえないであろう。ネット上には「世界一フェアなサイコロ」として理論的には1〜6の目が出る確率がほとんど等しいサイコロを売っているようなので，興味のある方は確認してみてください。

13.3 演習問題

次の表は数字選択式全国自治宝くじ「ナンバーズ3」の抽選数字を100回分調べた結果である。0～9までの数字が等しい確率で出現しているといえるかどうか有意水準1%で検定せよ。

数字	0	1	2	3	4	5	6	7	8	9	合計
回数	35	30	30	34	32	22	35	30	30	22	300

【参考文献】

● 岡本雅典，鈴木義一郎，杉山高一，兵頭昌(2012)．新版 基本統計学，実教出版.

● 杉山高一，藤越康祝編著(2009)．統計データ解析入門，みみずく舎.

第 14 章  Chapter 14

シミュレーション技法を知ろう

Key WORD

乱数生成，逆関数法，棄却法，モンテカルロ法，正規乱数，負の相関法

この章の目的

現象やシステムを解析する際に，設定された数理モデルの理論的解析が困難な場合，あるいはパラメータの変化に対する反応や応答の差を調べたい場合などに，シミュレーションとよばれる計算機を用いた実験手法がよく用いられる。ここでは，シミュレーションに必要とされる統計的手法の概要を学ぶ。

この章の課題

さまざまな現象の解析にシミュレーションが用いられることが少なくない。その際に計算機でいろいろな確率分布に従う乱数を発生させる必要がある。例えば，与えられた平均を持つ指数分布に従う乱数を発生させるにはどうすればよいか？　また，確率密度関数

$$f(x)=-4x\log x,\ (0<x\leqq 1)$$

を持つ確率分布に従う乱数を発生させるにはどうすればよいか？　このような乱数を発生させる一般的手法を知りたい。

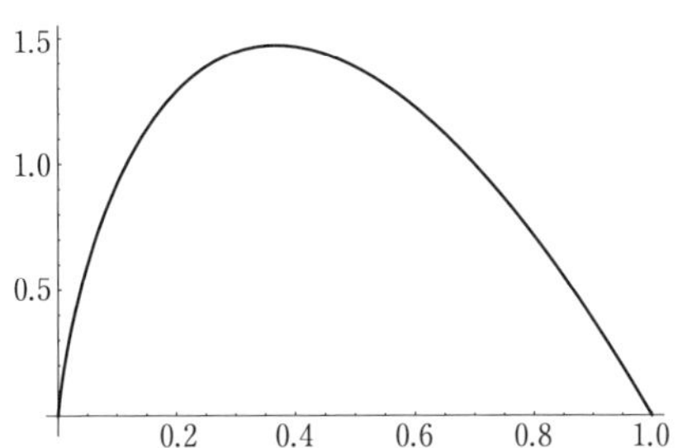

図14.1　確率密度関数 $f(x)=-4x\log x$ のグラフ

14.1 シミュレーションと統計手法

さまざまな分野でシミュレーションという手法が用いられる。例えば，航空機の飛行訓練を安価に実施できるように作られた飛行訓練のためのシミュレーター，宇宙空間や深海での探査のためのシミュレーター，手術の訓練・教育のためのシミュレーターなど，シミュレーション機能を持つソフトウェアやそれを組み込んだシミュレーション機器，仮想的な社会を計算機で実現したゲームなどは，我々がよく見聞きしたり体験する。また，道路の建築のための交通量のシミュレーションなどもコスト削減のために重要である。シミュレーションでは，確率的，統計的要素を含んだシステムや現象を対象とすることが多く，そのような挙動を計算機でシミュレートするには，現実の本質を取り込んだ数理モデルの構築の重要性はいうまでもない。しかし，それと同時に，確率的挙動を計算機で実現するために，さまざまな確率分布に従う乱数を発生させることが非常に重要である。

本章では，シミュレーションの確率・統計的側面に注目し，乱数の発生法やそれによるシミュレーションの効率に注目し，統計的な側面からシミュレーションに必要な技法を紹介する。

本書でも前章までにいくつかのシミュレーションを行っている。

本書で行ったシミュレーションの例：

(i) 第7章の仮説検定の例として，男児と女児の出生比が異なることを導いたが，このことを調べるために，男女の出生をコイン投げの表裏に対応させて，独立な1003532回のコイン投げの数理モデルとみなし，そのコイン投げを計算機で100万回(すなわち100万年分)シミュレーションを行った。この場合には，100万年ものデータを集めることは不可能であり，シミュレーションが有効な例の1つであろう。

(ii) 8.3.4節で，スチューデントのt検定とウェルチ検定の検出力を比較したが，この比較を理論的に行うことは難しい。第8章では，X, Yの母集団分布を$N(0,\ 1)$, $N(d,\ 1)$とし，これらの母集団から正規分布に従う乱数を31個ずつ発生させるシミュレーションを$d=0$, 0.2, 0.5, 1, 1.5, …, 3ごとに10000回ずつ繰り返してそのうち帰無仮説を棄却できた回数を求め，検出力を求めた。これは，理論的解析が困難なため，シミュレーションを行った例である。

(iii) 第9章の分散分析の章の多重比較の節で，5都市の任意の2都市をそれぞれ有意水準5％で検定を行うと10通りの帰無仮説を含んだ複合仮説を検定することになり，本当は5都市の最高気温に差がない場合に，10通りの検定の少なくとも1回誤って差があると帰無仮説を棄却してしまう第1種の過誤の確率の計算を行ったが，各検定が独立でないため，シミュレーションにより，計算を行って，その確率を求めた。この場合も理論的解析の代わりにシミュレーションを用いた例である。

これらのいずれのシミュレーションにおいても，与えられた分布に従う乱数を発生させる必要があり，次節で課題にあるような乱数発生法を概説する。

14.2 与えられた確率分布に従う乱数の生成

Rには一様乱数の生成，およびそれに基づいたさまざまな分布の乱数生成関数が準備されている。[0, 1]区間の一様乱数を100個生成するには，`runif(100)`とすればよい。また，[−1, 2]区間の一様乱数を100個生成するには，`runif(100, min=-1, max=2)`とすればよい。正規乱数についても`rnorm(100, mean=50, sd=10)`とすれば，平均50，標準偏差10の正規分布に従う乱数が100個得られる。課題の前半では，例えば平均2(すなわちパラメータ$\lambda=\frac{1}{2}$)の指数分布に従う乱数を生成すればよいので，Rの関数`rexp`を用いて，`rexp(100, 1/2)`とすればよい。ほかにも二項分布，ポアソン分布，χ^2分布，t分布，F分布など多くの分布に対する乱数生成関数が用意されている。

しかし，すべての分布について乱数生成関数が準備されているわけではなく，必要に応じて自由に乱数を生成する方法を知っておくことが重要である。また，乱数発生法が与えられている場合にも，その発生法について知っておくことも必要である。

14.2.1 逆関数法

課題の解決　その1

逆関数法は，確率分布の分布関数および，その逆関数が容易に求まる場合に有効な方法である。例えば，指数分布に従う乱数は，Rで発生させることができるが，一様分布を用いて，指数分布を容易に生成することもできる。

Uが$[0,\ 1]$区間の一様分布に従うとき，$X=-\mu\log(1-U)$は平均μの指数分布に従う。

このことは実際，次のようにしてわかる。指数分布の分布関数は，

$$F(x)=\begin{cases}1-e^{-\frac{x}{\mu}} & (x\geqq 0のとき)\\ 0 & (x<0のとき)\end{cases}$$

と書け，そのグラフは，図14.2のように，$x=0$で0であり，単調に増加して，$x=\infty$で1に近づく。

ここで，Xの分布関数を$G(x)$とし，$P(U\leqq u)=u$に注意すると，

$$G(x)=P(X\leqq x)=P(-\mu\log(1-U)\leqq x)=P(U\leqq 1-e^{-\frac{x}{\mu}})=1-e^{-\frac{x}{\mu}}=F(x)$$

となる。よって，Xの分布関数$G(x)$は$F(x)$，すなわち，指数分布の分布関数であることがわかる。

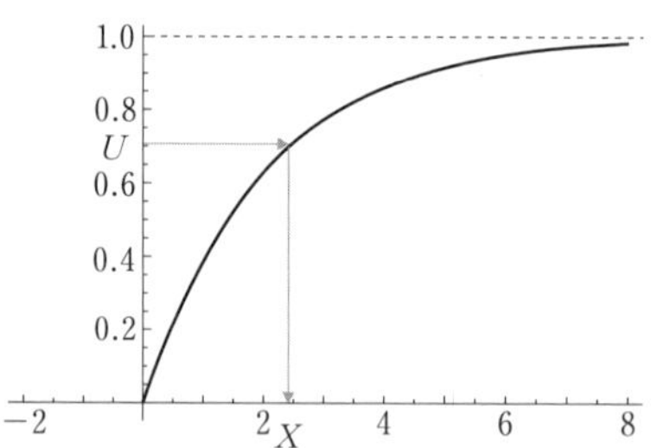

図14.2　逆関数法：一様分布から指数分布を生成する方法

注意：Uが$[0,\ 1]$区間の一様分布に従うとき，$1-U$は$\frac{1}{2}$を中心としてUと対称な値を取るので，$1-U$も同じ$[0,\ 1]$区間の一様分布に従う。したがって，$X=-\mu\log U$も平均μの指数分布に従う。このほうが，理解しやすい生成法であろう。

逆関数法により分布関数$F(x)$に従う乱数を発生する手順

1. $u=F(x)$をxについて解き，xをuの関数として$x=g(u)$と表す。
2. $[0,\ 1]$区間のn個の一様乱数$u_1, \cdots, u_n$を発生させる（たとえば，Rの関数`runif(n)`を用いる）。
3. $x_1=g(u_1), \cdots, x_n=g(u_n)$が分布関数$F(x)$に従う乱数となる。

しかし，すべての場合に逆関数法が使えるわけではない。例えば，課題の後半の例のように確率密度関数が$f(x)=-4x\log x$の場合，分布関数は，確率密度関数を積分して，

$$F(x)=\begin{cases}0 & (x<0)\\ x^2(1-2\log x) & (0\leqq x\leqq 1)\\ 1 & (x>1)\end{cases}$$

となるが，$u=x^2(1-2\log x)$をxについて解析的に解くことは難しいため，逆関数法を用いることは困難である。

14.2.2 棄却法

課題の解決 その2

課題の後半の場合のように確率密度関数が$f(x)=-4x\log x$ $(0<x\leqq 1)$の場合は，逆関数を求めることが困難なので，別の方法で乱数を発生させなければならない。そのための1つの方法が棄却法である。

その棄却法とよばれる乱数発生法に従い$f(x)$に従う乱数を発生させる。そのために，[0，1]区間の一様分布の確率密度関数

$$g(x)=\begin{cases}1 & (0<x\leqq 1)\\ 0 & (\text{その他})\end{cases}$$

を用いる。$f(x)$の最大値は，$x=\dfrac{1}{e}$のとき，$\dfrac{4}{e}$である。したがって，一様分布の確率密度関数$g(x)$を$c=\dfrac{e}{4}$倍すれば，図14.3のように，常に，$f(x)\leqq cg(x)$となる。ここで，[0，1]区間の2つの一様乱数XとUを発生し，$f(X)$とcUの大きさを比較して，cUのほうが小さければXを乱数として用いる。そうでなければ，Xを廃棄（棄却）して，再度，X，Uを発生させる。この手順を，n個の乱数が得られるまで繰り返す。

さて，この方法で，Xが乱数として採用される確率はいくつであろうか？　それは

$$cU\leqq f(X) \iff U\leqq\frac{f(X)}{c}$$

すなわち，cUが$f(X)$以下になる確率であるから，$f(X)$とcの比$\dfrac{f(X)}{c}$がU以上になる確率であり，Xが乱数として採用される確率は$f(X)$に比例する。よって，Xは図14.3のグラフで表される確率密度関数$f(x)=-4x\log x$に従うことがわかる。

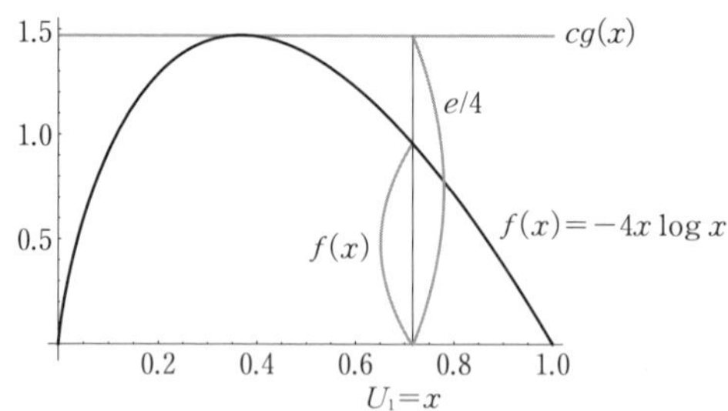

図14.3　棄却法：一様分布を用いて，確率密度関数$f(x)=-4x\log x$を持つ分布を生成する

棄却法の乱数生成手順

生成したい分布の確率密度関数を$f(x)$とし，$g(x)$を$f(x)\leqq cg(x)$となる定数cが存在する確率密度関数とし，$g(x)$に従う乱数は生成できるとする。

1.　$g(x)$に従う乱数Xと$[0,\ 1]$区間の一様分布に従う一様乱数Uを生成する。

2.　$U\leqq\dfrac{f(X)}{cg(X)}$を満たすならば，$X$を$i$番目の乱数$X_i$とする。そうでなければ，$X$と$U$を廃棄して，**1**に戻る。

3.　上記のプロセスをn個の乱数$X_1, \cdots, X_n$が得られるまで繰り返す。

練習問題14.1

確率密度関数$f(x)=60x^3(1-x)^2$ $(0\leqq x\leqq 1)$に従う乱数を棄却法を用いて生成する手順を示せ。

（ヒント：$g(x)$として，$[0,\ 1]$区間の一様分布を用いよ。）

14.2.3　正規乱数の生成

正規分布に従う乱数はRの関数`rnorm`を用いれば得られることは，本章の最初に述べた。しかし，正規乱数の発生法を知っておくことは，シミュレーションにおいて重要であると思われるため，いくつかの方法を挙げておこう。

中心極限定理による方法

1. $[0,\ 1]$区間の一様分布に従う12個の乱数X_1，…，X_{12}を発生する。
2. $Z=X_1+\cdots+X_{12}-6$とおく。
3. 1，2を繰り返して，n個の乱数$Z_1,\cdots,Z_n$を生成する。

上記の乱数発生法で標準正規分布$N(0,1)$に従う乱数が得られる理由を考えてみよう。まず，X_iは$[0,\ 1]$区間の一様分布に従うから$E[X_i]=\frac{1}{2}$，$Var[X_i]=\frac{1}{12}$より

$$E[Z]=E[X_1]+\cdots+E[X_{12}]-6=0$$
$$Var[Z]=Var[X_1]+\cdots+Var[X_{12}]=1$$

である。また，中心極限定理により，$X_1+\cdots+X_{12}$の分布は正規分布に近づくことがわかる。ゆえに，平均0，分散1の正規分布，すなわち標準正規分布$N(0,\ 1)$に近づく。

練習問題14.2

Xが標準正規分布に従うとき，$Y=aX+b$はどんな分布に従うか？　これを用いて，標準正規分布に従う乱数から，正規分布$N(\mu,\sigma^2)$に従う乱数を生成する方法を述べよ。

次に，棄却法を用いて正規乱数を生成してみよう。Xが標準正規分布に従うとき，Xの確率密度関数$f(x)=\frac{1}{\sqrt{2\pi}}e^{-\frac{x^2}{2}}$は，図14.4のとおり，$x=0$（$y$軸）に関して，左右対称の分布である。負の部分を折り返して，正の部分に積み上げた分布は$|X|$の確率密度関数であり，その形は$x\geqq 0$の範囲で

$$\bar{f}(x)=2f(x)=2\times\frac{1}{\sqrt{2\pi}}e^{-\frac{x^2}{2}} \tag{14.1}$$

となることに注意しよう。

14
章

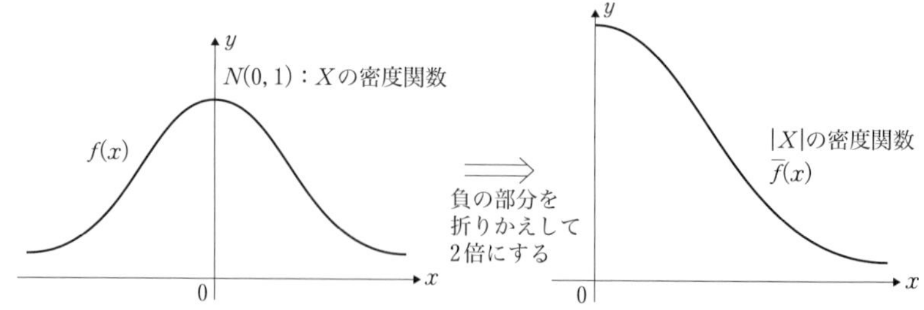

図14.4　標準正規分布$N(0, 1)$に従うXの密度関数と$|X|$の密度関数

ここでは，まず，$|X|$の分布に従う乱数Yを，平均1の指数分布を$g(x)$として棄却法を用いて生成し，Yにそれぞれ$\dfrac{1}{2}$の確率で$\pm$をつける方法で標準正規分布に従う乱数を発生しよう。

棄却法による正規乱数の生成

1. 平均1の指数分布に従う乱数Yを生成する。
2. $[0,\ 1]$区間の一様分布に従う乱数Uを生成する。
3. $\bar{f}(Y) \leqq \sqrt{\dfrac{2e}{\pi}}$であれば，$Y$を乱数として用い，**4**に進む。そうでなければ，Yを廃棄して，**1**に戻る。
4. $[0,\ 1]$の一様分布に従う乱数U'を生成し，$U' \leqq 0.5$であれば，$Z=Y$とし，$U'>0.5$であれば，$Z=-Y$とする。
5. これを繰り返して，正規乱数$Z_1, \cdots, Z_n$を生成する。

さて，上記の方法で標準正規分布に従う乱数が生成できることを示そう。そのために，Yが$\bar{f}(x)$に従う乱数であることをいえばよい。平均1の指数分布の確率密度関数は

$$g(x)=\begin{cases} e^{-x} & (x \geqq 0) \\ 0 & (x<0) \end{cases}$$

である。そして，

$$\frac{\bar{f}(x)}{g(x)}=\sqrt{\frac{2}{\pi}}e^{-\frac{x^2}{2}+x}=\sqrt{\frac{2}{\pi}}e^{-\frac{1}{2}(x-1)^2+\frac{1}{2}} \leqq \sqrt{\frac{2e}{\pi}}$$

であるから，$c=\sqrt{\dfrac{2e}{\pi}}$とおくと

$$\bar{f}(x) \leqq cg(x)$$

となる。したがって，上記のYは棄却法によって生成された$\overline{f}(x)$に従う乱数であることがわかる。

他の方法として

ボックス-ミュラー法による正規乱数の生成

1. $[0,\ 1]$区間の一様乱数U_1とU_2を生成する。
2. $X_1=\sqrt{-2\log U_2}\sin 2\pi U_1$，$X_2=\sqrt{-2\log U_2}\cos 2\pi U_1$を2つの乱数とする。
3. 上記を繰り返し，$2n$個の正規乱数を生成する。

この方法によって生成された$2n$個の乱数は独立であり，いずれも標準正規分布$N(0,1)$に従うことを示すことができるが，その理論的証明は本書の域を超えるため，参考文献(Ripley，1987)などを参照されたい。

練習問題14.3

ボックス-ミュラー法によって正規乱数を2000個発生し，そのヒストグラムを作り，標準正規分布に従うことを確認せよ。

ヒント：Rで乱数を発生させるには，`runif`で乱数を生成し，それを2つずつ組にして，(u_1, u_2)，(u_3, u_4)，…とし，`sin`，`cos`，`sqrt`，`log`関数を用いて，(x_1, x_2)，(x_3, x_4)，…を生成すればよい。$x_1, x_2, x_3, x_4, \cdots$のヒストグラムを生成する関数は`hist`である。

14章

14.3 モンテカルロ法とシミュレーション

乱数を用いて面積や積分値を求めるモンテカルロ法を，3つの例で説明する。

円周率πを求める1つの手法としてモンテカルロ法がある。図のように一辺が1の正方形の中に四分円がある。この正方形の中にランダムに点$(x_1, y_1), \cdots, (x_n, y_n)$をとり，$n$個の点のうち，四分円に入った個数を$N$とすると，$\dfrac{N}{n}$が四分円の面積$\dfrac{\pi}{4}$の推定値となるであろう。すなわち，$\dfrac{4N}{n}$が$\pi$の推定値となる。この方法をモンテカルロ法とよぶ。モンテカルロ法でπの推定を行った際の推定精度を求めてみる。

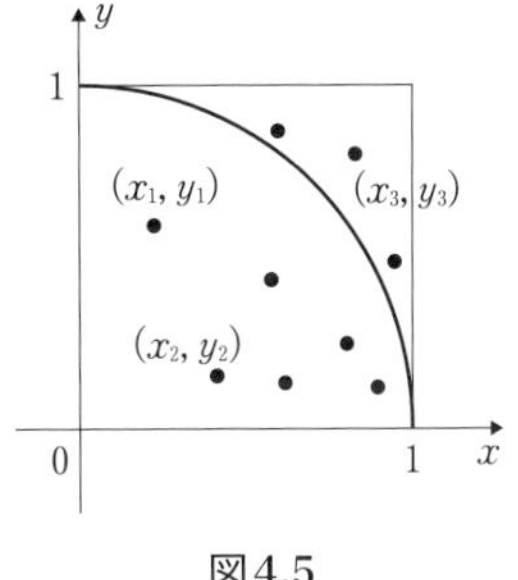

図4.5

1つの点(X, Y)を生成するには，2つの独立な$[0, 1]$区間の一様乱数X，Yを発生させればよい。このとき，発生した点(X, Y)が四分円に入る確率は$p=\dfrac{\pi}{4}$である。したがって，1つの点をランダムに発生させる試行は，成功確率$p=\dfrac{\pi}{4}$のベルヌーイ試行と考えられる。n個の点を独立にランダムに発生させるから，四分円に入る点の数Nの分布は，成功確率pの二項分布であり，その平均は$E[N]=np=\dfrac{\pi n}{4}$であり，分散は$Var[N]=np(1-p)=\dfrac{n\pi(4-\pi)}{16}$である。これより，$\pi$の推定値$\hat{\pi}=\dfrac{4N}{n}$の期待値と分散は

$$E[\hat{\pi}]=\pi, \qquad Var[\hat{\pi}]=Var\left[\frac{4N}{n}\right]=\frac{\pi(4-\pi)}{n}$$

である。すなわち，nが十分大きいとき，$\hat{\pi}$は正規分布$N\left(\pi, \dfrac{\pi(4-\pi)}{n}\right)$に従う。例えば，$n=300$，30000，3000000のとき，$\hat{\pi}$の標準偏差はそれぞれ約0.1，0.01，0.001程度である。したがって，3000000個の乱数を発生させると有効数字3桁程度の精度が得られる。ゆえに，標準誤差は$\sqrt{\dfrac{\pi(4-\pi)}{n}}$であり，$\dfrac{1}{\sqrt{n}}$のオーダーである。

次に，関数$f(x)$が与えられたとき，$S=\int_a^b f(x)\,dx$の値を乱数を用いて求めてみる。

$[a, b]$区間の一様乱数を$X_1, \cdots, X_n$とするとき，$b-a$が底辺の長さであり，$\dfrac{f(X_1)+\cdots+F(X_n)}{n}$が関数の平均の高さであるから，面積$S$の推定値は

$$\hat{S}=(b-a)\frac{f(X_1)+\cdots+f(X_n)}{n}$$

で得られることがわかるであろう。

最後に，$\int_0^{\sqrt{\pi}} \sin x^2\,dx$の値を，解析的に求めることは困難であるので，この積分値を乱数を発生させてシミュレーションにより求めてみる。

Rのプログラムは下記のとおりである。

```
n=10000
x=runif(n)*sqrt(pi)
h=mean(sin(x^2))
s=sqrt(pi)*h
s
```

このシミュレーションを1000回繰り返して，s_1，…，s_{1000}をヒストグラムに表すには，

```
n=10000
m=1000
s=rep(NA, m) # NA(不定値) という値をm個並べた配列sを作成する
for(i in 1:m){
  x=runif(n)*sqrt(pi)
  h=mean(sin(x^2))
  s[i]=sqrt(pi)*h
}
mean(s)
sd(s)
hist(s)
```

とすればよい。

これにより，積分値sの平均は0.895程度で，標準誤差は0.006程度であることがわかる。また，さらに$n=1000000$とすることにより，少し計算時間はかかるが積分値sの平均は0.8948程度で，標準誤差は0.00067程度と10倍ほど精度がよくなる。

14.4 シミュレーションの精度の向上

この節では，決められたシミュレーション回数のもとで，シミュレーション精度を向上させる手法を概説する。

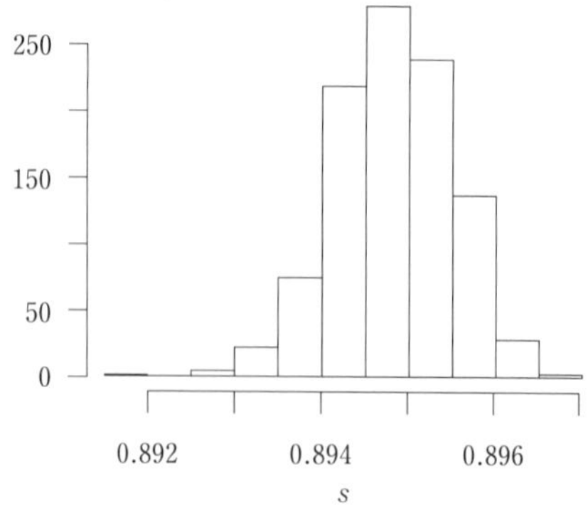

図14.6　$n=1000000$ のシミュレーションを $m=1000$ 回繰り返した積分値の分布

14.4.1　負の相関法

確率変数 X と Y に対して，$E[X]=\mu_1$，$E[Y]=\mu_2$ とする。このとき，

$$Cov[X, Y]=E[(X-\mu_1)(Y-\mu_2)]$$

を X と Y の共分散という。相関係数は共分散を用いて，

$$R[X, Y]=\frac{Cov[X, Y]}{\sqrt{Var[X]Var[Y]}}$$

と表される。共分散が正（負）であることと，相関係数が正（負）であることは同値である。また，X, Y が独立ではないとき，一般に

$$Var[aX+bY]=a^2Var[X]+b^2Var[Y]+2abCov[X, Y]$$

なる関係式が成り立つ。

母平均 μ が未知の母集団からの独立なサイズ2の標本変量 X, Y を用いて，μ を推定するには，$\hat{\mu}=\dfrac{X+Y}{2}$ を用いる。この場合，母分散を σ^2 とすると

$$E[\hat{\mu}]=\mu,\quad Var[\hat{\mu}]=\frac{1}{4}(Var[X]+Var[Y])=\frac{\sigma^2}{2}$$

となる。一方，同じ母集団から負の相関を持つサイズ2の標本 X_1，X_2 をとることができるとする。そして，$\tilde{\mu}=\dfrac{X_1+X_2}{2}$ によって μ を推定すると

$$E[\tilde{\mu}]=\mu,\quad Var[\tilde{\mu}]=\frac{1}{4}(Var[X_1]+Var[X_2]+2Cov[X_1, X_2])\leqq\frac{\sigma^2}{2}$$

となり，独立な標本の場合より，推定量の分散が小さくなる。したがって，推定精度がよくなる。

通常の標本抽出の場合には，意図して，負の相関を持つ標本を抽出することは困難であるが，シミュレーションの場合には負の相関を持つ乱数を生成することは難しくない。

したがって，シミュレーションの場合には，独立でない乱数を生成することにより，シミュレーションの精度を高めることができる可能性がある。

例題 (14.1) 積分値 $S=\int_0^1 e^{-x^2}dx$ を乱数を生成してシミュレーションにより求めよ。

解説 独立な標本を用いた場合と，負の相関を持つ標本を用いた場合について推定精度を比較してみよう。

(i) 独立な一様乱数を用いた場合：

$f(x)=e^{-x^2}$ とする。Rを用いて，前節の例と同様に $n=100$ 個の $[0,\ 1]$ 区間の一様乱数 $x_1, \cdots, x_n$ を生成し，積分値 S を

$$\hat{S}=\frac{f(x_1)+\cdots+f(x_n)}{n}$$

によって推定することができる。この試行を $m=1000$ 回繰り返した結果，

$\hat{S}$ の平均値0.7467，標準誤差0.0197

となった。

(ii) 負の相関を持つ一様乱数を用いた場合：

(i)の半分の $n'=50$ 個の $[0,\ 1]$ 区間の一様乱数 $x_1, \cdots, x_{n'}$ を生成し，それに，50個の値 $1-x_1, \cdots, 1-x_{n'}$ を付け加えて，$x_1, \cdots, x_{n'}$，$1-x_1, \cdots, 1-x_{n'}$ の100個の乱数として用いる。このとき，x_1 と $1-x_1$ は負の相関(-1)を持つ。このとき，(i)と同様に

$$\tilde{S}=\frac{f(x_1)+\cdots+f(x_{n'})+f(1-x_1)+\cdots+f(1-x_{n'})}{n}$$

により，積分値を $m=1000$ 回繰り返して推定すると，

$\tilde{S}$ の平均値0.7467，標準誤差0.00408

となった。

(i)，(ii)ともに推定値の平均値はほぼ同じであるが，標準誤差が $\frac{0.0197}{0.00408}\simeq 4.8$ と5倍弱小さくなっており，(ii)の推定法の方がよい推定結果を得ている。

上記の(ii)の推定精度の良さは，関数 $f(x)=e^{-x^2}$ が $x\geqq 0$ で単調な関数であったことが影響しており，単調でない関数の場合には，必ずしも(ii)の推定法の方が精度がよくなるとはいえないことを注意しておく。

練習問題14.4

例題14.1の積分値の推定精度の差をRを用いて確かめよ。

14.4.2 モンテカルロ法の改良

14.3節の最初の例では，[0, 1]区間の一様乱数の組を独立にn個とって一辺が1の正方形の中にばらまいた。図14.7(a)は，そのときの方法で100個ランダムに点をばらまいた図である。一方，図14.7(b)では，一辺が1の正方形を10×10の小さい正方形に分割し，各小区画ごとにランダムに1つずつ合計100個の点をばらまいた図である。これらの2つの点のばらまかれ方を見ると，(a)では，点が密なところと疎なところがあるのがわかるであろう。一方，(b)はおおむね一様に（均等に）ばらまかれているといえる。(a)の方法でシミュレーションを行う方法をモンテカルロ法とよんでいるが，(b)の方法を区分モンテカルロ法とよぶ。

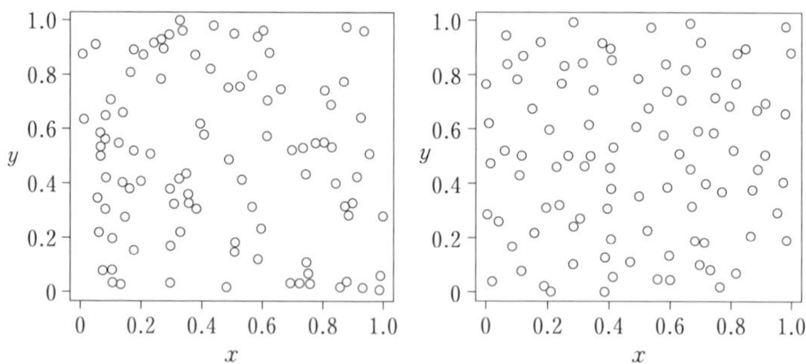

(a) 正方形全体にランダムにばらまいた場合　(b) 各小区画に均等にばらまいた場合

図14.7　一辺1の正方形の中に100個の点をばらまく方法

例題 (14.2) 図14.7(a)のように単純にランダムに点をばらまいた場合と，図14.7(b)のように均等にばらまいた場合とでは，πの推定精度にどのような差が生じるか見てみよう。

解説

(i) 図14.7(a)の方法で単純にランダムに$n=100$個の点をばらまいた場合

この試行を1000回繰り返すと，$\hat{\pi}$の推定値の平均は3.148で標準誤差は0.166程度となった。

(ii) 図14.7(b)のように各区間に均等にばらまいた場合

この場合は1000回繰り返すと，$\tilde{\pi}$の推定値の平均は3.1419で標準誤差は0.060程度となった。

さらにこのシミュレーションを$n=10$，100，1000，10000として，それぞれ1000回ずつ試行を行うと，その標準誤差は，表14.1のようになる。

表14.1　モンテカルロ法と区分モンテカルロ法による円周率πの計算

(a)　モンテカルロ法			(b)　区分モンテカルロ法		
点の数n	平均値	標準誤差	点の数	平均値	標準誤差
10	3.1324	0.539	9	3.1427	0.343
100	3.1420	0.158	100	3.1434	0.060
1000	3.13767	0.052	1024	3.1410	0.011
10000	3.1426	0.016	10000	3.1415	0.002
100000	3.1417	0.005	99856	3.1416	0.00035

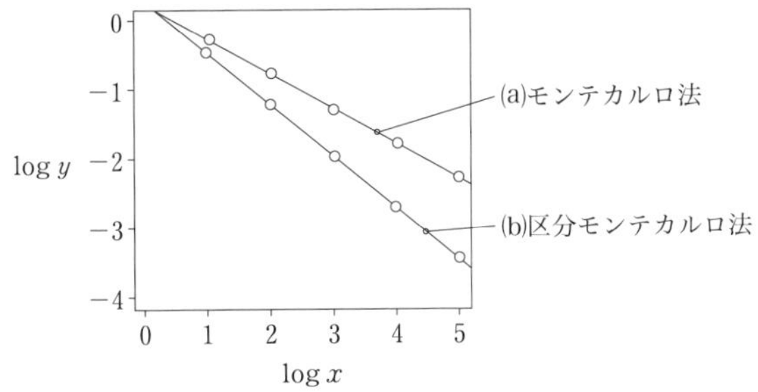

図14.8　(a)，(b)それぞれの場合の標準誤差の減少（両対数目盛で表示）

これらの2つの場合の標準誤差は図14.8のように減少する。このグラフにおいて，x軸，y軸ともに対数をとって表示されており，回帰直線を当てはめると(a)単純なモンテカルロ法の場合と(b)区分モンテカルロ法のそれぞれの場合に，回帰直線はそれぞれ，

$$\text{(a)}\quad \log_{10}(\text{標準誤差})=0.214-0.498\log_{10}(\text{点の数})$$

$$\text{(b)}\quad \log_{10}(\text{標準誤差})=0.254-0.738\log_{10}(\text{点の数})$$

となる。その傾きに注意すると(a)の場合には，14.3節の最初の例で見たように点の数nの0.5乗，すなわち$\dfrac{1}{\sqrt{n}}$のオーダーで減少し，(b)の場合には，$\dfrac{1}{n^{\frac{3}{4}}}$程度のオーダーで減少する。

この実験結果より，(ii)の方法の方が推定の標準誤差が小さくなる。

この結果は，前項の負の相関法と同様に単に独立にランダムに点をばらまくより，疎なところ密なところがないように一様にばらまくことの有効性を示した結果といえるであろう。

その理由を考えてみよう。

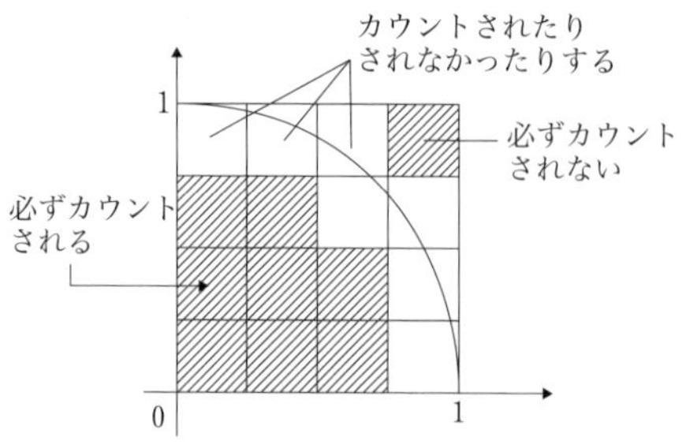

図14.9　四分円の面積にカウントされる小区画

この方法は，$n=m^2$個の小区画に分けたことにより，四分円の内部に含まれている区画の点は必ずカウントされ，外部の区画の点は必ずカウントされない。円周と交わる区画の点だけが確率的にカウントされたり，されなかったりする。円周と交わる区画の数は各列ごとに2, 3個ずつであり，その個数の平均値をcとすると確率的に変動する区画の数は，mc個程度。それらの区画で円内に入るか入らないかで$X_i=0, 1$なる確率変数を考えると，円周率の計算に影響するのは，$S=\frac{X_1+\cdots+X_{mc}}{m^2}$の値のみで，$P(X_i=1)$となる確率は区画ごとに異なるが，その分散は$Var[X_i]=p(1-p)\leqq\frac{1}{4}$である。したがって

$$Var[S]\leqq\frac{mc}{4m^4}=\frac{c}{4m^3}=\frac{c}{4n^{\frac{3}{2}}}$$

であり，ゆえに標準誤差は$\frac{1}{n^{\frac{3}{4}}}$のオーダーで減少する。

このようにシミュレーションの精度を高める研究は盛んに行われており，モンテカルロ法に対して，準モンテカルロ法とよばれる方法が効率がよいことが知られている。

理解の確認ポイント　Point

- □　逆関数法の扱い方
- □　棄却法の扱い方
- □　さまざまな正規乱数の生成法
- □　モンテカルロ法とその改良法
- □　負の相関法の効用

コラム シミュレーションとスーパーコンピュータの速度ランキング

気象の予測にスーパーコンピュータが用いられていることはよく知られている。東北の地震や津波の解析結果をテレビなどで見た人も多いだろう。また，遺伝子情報解析や毎日の株価の分析にもスーパーコンピュータは欠かせない。さらに，スターウォーズやディズニーなどの娯楽映画にもコンピュータグラフィックス，バーチャルリアリティの技術が使われ，これらも広い意味でシミュレーション技術といえるだろう。このような大規模なシミュレーションは毎日，世界中のさまざまなところで行われているが，それらの解析を可能にしているのが，スーパーコンピュータであるのは言うまでもない。

そのため，世界中でスーパーコンピュータの計算速度を競う競争が繰り広げられてきた。計算速度は，LINPACKとよばれるベンチマークプログラムで線型方程式を解く速度を64ビット浮動小数点演算の1秒当たりの実行回数（ギガFLOPS）で比較する。1990年代から2010年ごろまでは，アメリカと日本のスーパーコンピュータが世界一を競ってきた。2011年に日本の「京」が世界一を達成したが，2010年ごろから中国がその競争に加わり，2013年以降は少なくとも2016年春までは中国の「天河二号」が首位の座を維持している。

日本の京が世界一の座を譲った頃，国会では，「どうして，世界一のスーパーコンピュータを開発しなければならないのか？　世界2位ではいけないのか？」という政治家の発言があったが，記憶に残る一言である。

14章

14.5 演習問題

ある大規模テストの得点を調べたところ，次の確率密度関数でよく近似できることがわかった。

$$f(x)=c\left(\frac{x}{100}\right)^a\left(1-\frac{x}{100}\right)^b \qquad (0 \leqq x \leqq 100)$$

ただし，データから推定された，a，b，cはそれぞれ$a=3.50$，$b=1.33$，$c=0.3813$であった。このテストで得点が60点以上の人の割合をシミュレーションで求めよ。

【参考文献】

- Ripley, B.D. (1987). *Stochastic simulation*, Wiley.
- 津田孝夫 (1955). モンテカルロ法とシミュレーション，培風館.
- 関根智明ほか (1976). シミュレーション，日科技連.

● 間瀬茂(2016). ベイズ法の基礎と応用, 日本評論社.
● 伏見正則(1989). 乱数, 東京大学出版会.

統計解析ソフトR

Key WORD

R，Excel，csv

この章の目的

ここまで学んできた統計解析の多くは，データを使って標本平均や標本分散などの統計量の計算を必要とする。統計量の計算を数式で表した場合，簡単な計算に見えるが，和や積分の計算が多く，データの量が多い場合電卓などでは計算量が追いつかない状況になっている。この章では各章で簡単に紹介してきたRの使い方を体系的にまとめて，基本的な関数を理解し，解析ができるようにする。

この章の課題

東京の気象データを使って，月平均の最低気温から最高気温が回帰直線を使って，どのように予測できるのか実際にRを使って計算してみよう。

15.1 Rについて

Rは統計解析ソフトでWindows，Mac，LinuxなどさまざまなOSで使用することができるフリーソフトである。Excelでは基本的な統計解析しか行うことができないが，Rでは多変量解析を含めてさまざまな統計解析を簡単に行うことができる。

ソフトはR ProjectのWebページから誰でもダウンロードしてインストールすれば日本語環境で使用できる。

15.2 Rの基本的な使い方

15.2.1 データの入力方法

変数xにデータを直接入力する場合，ベクトル生成関数cを用いて，次のように入力する。

```
x <- c(84.4, 89.5, 83.7, 87.4, 89.5, 84.3, 82.5)
```

クリップボードにあるデータを入力する場合は，次のように行う。

```
x <- scan("clipboard",quiet=TRUE)
```

上記の方法はデータの数が少ない場合に用いられる方法で，データの数が増えたり，多次元のデータの場合，オプションが必要になるなど入力に手間がかかるので，Excel等でまとめたファイルを直接読み込んだ方が便利である。Rで扱いやすいファイルはcsv形式なので，Excelで作ったデータをcsvファイルに保存し，次のようにRに入力すると，ファイル選択の画面が出るので，ファイルを選択する。

```
y <- read.csv(file.choose(), header=T, row.name=1)
```

なお，`header`は列の名前がある場合は`T`を，ない場合は`F`を指定する。`row.name`は1列目に行の名前がある場合に記載し，ない場合は記載しない。また，`file.choose()`の部分を“/フォルダー名/ファイル名.csv”としてファイルを直接読み込むことも可能である。

このほか，Excelの.xlsファイルや別の統計解析ソフト(SASやSPSSなど)のファイルを読み込むことも可能である。

今回の課題のために気象庁の各種データ・資料のWebページから2000年1月から2015年12月までの192カ月分のデータをcsvファイルでダウンロードし，整理したデータは次のようになる。

	最高気温	最低気温
Jan-00	11.2	4.2
Feb-00	9.9	2.4
Mar-00	13.5	5.2
Apr-00	18.7	10.7
May-00	24	16.5
Jun-00	26.1	19.5
:	:	:

このデータをtokyo-kion.csvで保存した場合，1行目はデータではなく列の名前(最高気温，最低気温)があるのでheader=Tと1列目に日付があるため，データとして読み込まないようにrow.names=1が必要である。つまり

```
kion <- read.csv("tokyo-kion.csv", header=T, row.names=1)
```

とすればkionという変数の中に2変数のデータを読み込んでくれる。

15.2.2 基本統計量の計算

xの標本平均や標本分散などは，すでにRの関数として用意されているので，簡単に求めることができる。データが1変数の場合，標本平均はmean(x)，標本分散はvar(x)，標本標準偏差はsd(x)で求められる。課題のデータの場合，2変数のデータであるから，標本平均はcolMeans(x)，標本分散共分散行列はvar(x)で求められる。

実際，気温のデータに対して使用すると

```
  > colMeans(kion)
  最高気温 最低気温
  20.40417 13.30156

  > var(kion)
          最低気温 最高気温
最低気温 60.86382 57.87078
最高気温 57.87078 55.61339
```

のように結果が得られる。このほか最大値：max(x)，中央値：median(x)，最小

15
章

値：min(x) など，いろいろな関数が用意されている。

15.3 区間推定

例題 (15.1) X社のバッテリーにモーターを繋ぎ，動作時間を調べたところ下記のとおりであった。

13.8, 14.9, 13.1, 14.3, 13.5, 13.2

母平均μの99％信頼区間を求めよ。

解説 ここでは，母分散が未知の場合の区間推定なので，自由度$6-1=5$のt分布を用いて区間推定を行う。t分布の両側α％点の値はqt(1-α/2, 自由度)で求められるので，区間推定は

```
> x <- c(13.8, 14.9, 13.1, 14.3, 13.5, 13.2)
> mean(x)-qt(1-0.01/2,5)*sd(x)/sqrt(6)
[1] 12.65954
> mean(x)+qt(1-0.01/2,5)*sd(x)/sqrt(6)
[1] 14.94046
```

より，$12.7<\mu<14.9$であることがわかる。

15.4 検定

母分散が未知の場合の母平均に関する検定はt.testという関数があるため簡単に計算することが可能である。t.testは1標本の検定だけではなく，2標本の平均の差の検定も可能である。

15.4.1 1標本の検定

例題 (15.2) ある会社の工場で作られた電球の寿命を調べたら下記のとおりであった。

84.4, 89.5, 83.7, 87.4, 89.5, 84.3, 82.5 （単位：日）

別の工場で作られた電球の寿命が$\mu=83.1$のとき，2つの工場の間に寿命の差があるかどうか，有意水準5％で検定せよ。

解説 この問題は2つの工場の間に差があるかどうかなので，帰無仮説と対立仮説はそれぞれ

$$帰無仮説 H_0 : \mu = 83.1, \qquad 対立仮説 H_1 : \mu \neq 83.1$$

のように両側検定である。1標本の平均に関する両側検定をt.testで行う場合，

```
t.test( x, mu = 83.1, alternative = "two.side")
```

とすればよい。また，片側検定を行う場合は"two.side"の部分を"less"や"greater"と変えることによって，自動的に確率(p-value)の計算を行ってくれる。実際Rに入力すると

```
> x <- c(84.4, 89.5, 83.7, 87.4, 89.5, 84.3, 82.5)
> t.test(x,mu=83.1,alternative="two.side")

        One Sample t-test

data:  x
t = 2.5823, df = 6, p-value = 0.04164
alternative hypothesis: true mean is not equal to 83.1
95 percent confidence interval:
 83.2468 88.5532
sample estimates:
mean of x
     85.9
```

のような結果が出力される。この結果をみると自由度(df)6のt分布に従うtの値が2.5823で，p値が0.04164のように有意水準の5％以下になっているので，帰無仮説を棄却し，対立仮説である$H_1 : \mu \neq 83.1$が正しいと判断する。つまり2つの工場の間で寿命の差があるといえる。

15.4.2 2標本の検定

(15.3) X社，Y社の同容量のバッテリーにモーターを繋ぎ，動作時間を調べた。両社のバッテリーに違いがあるかどうか有意水準1％で検定せよ。

X社：13.8，14.9，13.1，14.3，13.5，13.2

Y社：11.4，12.9，12.4，11.7，13.1　　　　（単位：時間）

解説　この問題は2社のバッテリーの動作時間に差があるかどうかなので，帰無仮説と対立仮説はそれぞれ

帰無仮説H_0：X社とY社のバッテリーの動作時間は等しい

対立仮説H_1：X社とY社のバッテリーの動作時間は異なる

のように両側検定である。2標本の平均に関する両側検定をt.testで行う場合，

```
t.test( x, y, var.equal=T, alternative="two.side" )
```

とすればよい。上記のオプションの場合，xとyの間の分散が等しい仮定を置いているが，分散が等しくない場合はvar.equal=Fとする。実際Rに入力すると，

```
> x <- c(13.8, 14.9, 13.1, 14.3, 13.5, 13.2)
> y <- c(11.4, 12.9, 12.4, 11.7, 13.1)
> t.test(x,y,var.equal=T,alternative="two.side")


      Two Sample t-test


data:  x and y
t = 3.4725, df = 9, p-value = 0.007021
alternative hypothesis: true difference in means is not equal to 0
95 percent confidence interval:
 0.5228303 2.4771697
sample estimates:
mean of x mean of y
 13.8     12.3
```

のような結果が得られる。この結果をみると自由度9のt分布に従うtの値が3.4725で，p値が0.007021のように有意水準の1％以下になっているので，帰無仮説を棄却し，対立仮説が正しいと判断する。つまりX社とY社のバッテリーの動作時間は異なるといえる。

15.5 相関係数と回帰直線

xとyの間の相関係数や回帰直線を求める関数として，corやlmが用意されている。特にlmは線形モデルによる回帰を行うので，多変数の場合でも用いることが可能である。

15.5.1 散布図と相関係数

気温のデータの回帰分析を行う前に，散布図でどの程度最高気温と最低気温に関係があるのかを確認してみる。散布図はplotを使って簡単に描くことができ，すでにkionに2変数のデータが入っているのであれば

```
> plot(kion)
```

とすれば次のような散布図を自動的に描いてくれる。

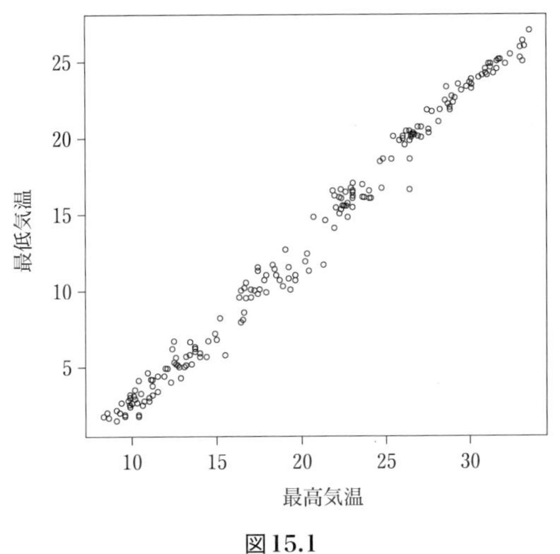

図15.1

散布図からも明らかであるが，最高気温と最低気温の間には非常に強い正の相関があることが見て取れる。実際に相関係数を求めると，

```
> cor(x)
          最高気温  最低気温
最高気温 1.0000000 0.9946953
最低気温 0.9946953 1.0000000
```

であるから0.99469…のように非常に強い正の相関があることが確認できる。

15
章

15.5.2 回帰直線

課題の解決

回帰直線は線形モデルによる回帰を行う`lm`を使うと簡単に求めることができる。今回は直線の式$y=ax+b$を用いて回帰を行うので，気温のデータを用いる場合，

```
> lm(最高気温~最低気温,data=x)

Call:
lm(formula = 最高気温 ~ 最低気温, data = x)

Coefficients:
(Intercept)    最低気温
     7.7567      0.9508
```

のような結果を得る。この場合，回帰直線は

$$(\text{最高気温})=0.9508\times(\text{最低気温})+7.7567$$

であることを表している。つまり最低気温が1度上がると最高気温が0.95度上がることを示している。Rはこのような回帰分析の結果も変数に代入することが可能で

```
>result <- lm(最高気温~最低気温,data=x)
```

とすると`result`の中に回帰分析の結果が代入される。また，`lm`はいろいろな統計量などの計算を同時に行っており，何もしないと回帰直線の式のみが表示される。もう少し詳細な結果が欲しい場合は`summary`という関数を用い

```
> summary(result)

Call:
lm(formula = 最高気温 ~ 最低気温, data = x)

Residuals:
```

```
     Min       1Q   Median       3Q      Max
-1.64532 -0.49570 -0.05594  0.47275  2.85960
Coefficients:
          Estimate Std. Error t value Pr(>|t|)
(Intercept) 7.756722   0.109930   70.56   <2e-16 ***
最低気温     0.950824   0.007134  133.29   <2e-16 ***
---
Signif. codes:  0 '***' 0.001 '**' 0.01 '*' 0.05 '.' 0.1 ' ' 1

Residual standard error: 0.7691 on 190 degrees of freedom
Multiple R-squared:  0.9894,    Adjusted R-squared:  0.9894
F-statistic: 1.777e+04 on 1 and 190 DF,  p-value: < 2.2e-16
```

のような結果を得る。結果の見方を簡単に説明すると

`Residuals`：
観測値と予測値の誤差を表しており，最大値，第1四分位数，中央値，第3四分位数，最大値を表示する。データの個数が少ない場合，すべてのデータの誤差が表示されることもある。

`Coefficients`：
`Estimate`に推定値，`Std. Error`に標準誤差を表しており，`t value`と`Pr(>|t|)`は係数の推定値が0であるかどうかの検定を行ったときの結果である。

`Residual standard error`：
残差の標準誤差で，誤差の分布の検定を行った結果である。

`Multiple R-squared`，`Adjusted R-squared`：
決定係数および自由度修正済み決定係数

`F-statistic`：
すべての係数が0であるかどうかの検定を行った結果である。

今回の結果の場合，決定係数が0.9894と非常に大きな値で回帰直線での予測がうまくいっていることを意味している。また，`F-statistic`の確率が非常に小さいため，仮説検定によってすべての変数が0ではないと判断することができる。つまり回帰分析を行うことに有用な変数があることを意味している。

さらに，回帰直線を散布図の上に描きたい場合，`abline`という関数が用意され

15
章

ていて，

```
> plot(kion)
> abline(result)
```

とすると

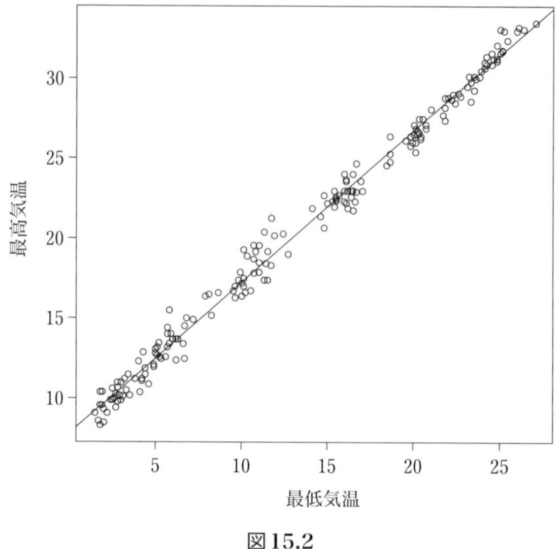

図15.2

のように散布図の上に回帰直線を描いてくれる。

15.6 分散分析

第9章で一元配置の問題をRで行っているので，ここでは簡単に復習程度の説明とする。第9章の課題は5つの都市を要因として都市iのj日目の最高気温Y_{ij}は

$$Y_{ij}=\mu_i+\varepsilon_{ij}$$

と書けるとしている。このとき仮説検定

帰無仮説：$\mu_1=\cdots=\mu_5$

対立仮説：いずれかの平均が他の平均と異なる

を有意水準1％で行う場合，Excelでまとめた都市名(`city`)と気温(`temp`)のcsvファイルのデータを`read.csv`で読み込み，関数`aov`を用いればよい。実際に行

ってみると

```
> hightemp<-read.csv("book1.csv",header=T)
> hightemp
    area temp
1      E 30.6
2      E 32.7
3      E 35.0
     :
     :
154    Y 31.0
155    Y 24.0
> summary(aov(temp ~ factor(city), data=hightemp))
              Df  Sum Sq  Mean Sq  F value    Pr(>F)
factor(city)   4     284    71.01    5.202  0.000595 ***
Residuals    150    2048    13.65
---
Signif. codes:  0 '***' 0.001 '**' 0.01 '*' 0.05 '.' 0.1 ' ' 1
```

のような結果が得られる。ここで，cityの部分に関数factorを用いているが，これはcityのデータが数値ではなく，水準であることを明示するためのもので，今回のような文字データの場合，factorがなくても結果は同じになる。この結果から，確率の値が1％以下であることがわかるので，帰無仮説は棄却される。つまり各都市の最高気温の間には差があるといえる。

15

章

15.7 適合度検定

第13章の適合度検定はχ^2分布を用いた検定を行っている。血液型の問題のように，事前に出現確率が既知の問題に対してRで計算を行う場合，chisq.testという関数で簡単にできる。実際に血液型の問題を行ってみると，実際の回数と確率を指定して

```
>chisq.test(c(71, 49, 54, 26), p=c(0.4, 0.2, 0.3, 0.1))
```

```
        Chi-squared test for given probabilities

data: c(71, 49, 54, 26)
X-squared=5.4375, df=3, p-value=0.1424
```

のような結果を得ることができる。つまり，χ^2の値は5.4375で，自由度3のχ^2分布に従い，p値は0.1424であることがわかる。この結果からp値が5％以上であり，有意水準5％で棄却できないため，判断を保留する。

また，サイコロの問題のように，すべての確率が等しいかどうかを検定する場合は，確率の部分を省略して

```
>chisq.test(c(19, 24, 18, 17, 25, 17))

        Chi-squared test for given probabilities

data: c(19,24,18,17,25,17)
X-squared=3.2, df=5, p-value=0.6692
```

のようにすることが可能である。

次に分割表の独立性の検定の問題の場合も同じchisq.testの関数で計算を行うことができる。データについては行列にする必要があるため，matrix関数を使う。実際に「数学が得意か不得意か」の問題に対してRを使うと

```
>x<-matrix(c(135, 55, 133, 87), ncol=2, byrow=T)
>x
     [,1] [,2]
[1,] 135  55
[2,] 133  87
>chisq.test(matrix(c(135, 55, 133, 87), ncol=2, byrow=T), correct=F)

        Pearson's Chi-squared test

data: matrix(c(135, 55, 133, 87), ncol=2, byrow=T)
X-squared=5.0582, df=1, p-value=0.02451
```

のような結果を得ることができ，p 値が5％以下であるから，帰無仮説を棄却することができる。

理解の確認ポイント | Point

- □ Rを使ってのデータの入力
- □ 基本的な統計量（平均・分散・相関係数）の計算
- □ 区間推定の方法
- □ 平均に関する検定
- □ 回帰分析と散布図の描き方
- □ 分散分析（一元配置）の検定
- □ 適合度検定

コラム　Rを使ってシミュレーション実験

母集団分布が正規分布の場合，標本平均も正規分布になることが知られているが，Rでは乱数を使ってそれを確認することができる。下記のプログラムは正規乱数を10個発生させて標本平均を計算させることを100回繰り返し，そのヒストグラムと正規分布の確率密度関数を重ね合わせるものである。

```
> n <- 100
> xmean <- numeric(n)
> for (i in 1:n){
+ x <- rnorm(10)
+ xmean[i] <- mean(x)}
> hist(xmean,breaks=seq(-2,2,0.1),freq=F,ylim=c(0,1.5),xlab="",
ylab="")
> par(new=T)
> curve(dnorm(x,0,1/sqrt(10)),-2,2,ylim=c(0,1.5),xlab="",ylab="")
```

実際の結果は次のようになり，ある程度正規分布に近いヒストグラムが得られる。ただし，シミュレーションなので結果は毎回異なるものになる。nを10,000回ぐらいにすればヒストグラムと正規分布が一致するので確認してみよう。

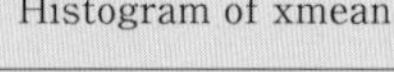

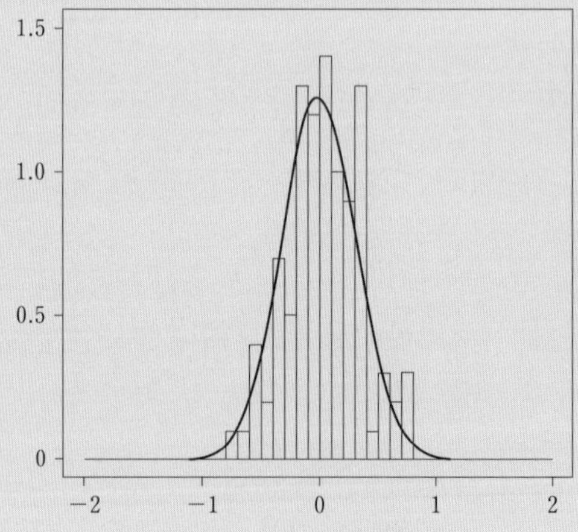

15.8 演習問題

区間推定や平均に関する区間推定，回帰直線，一元配置の演習問題を実際にRを使って計算せよ。

【参考文献】

- 杉山髙一，藤越康祝編著(2009)．統計データ解析入門，みみずく舎.
- 舟尾暢男(2009)．The R Tips―データ解析環境Rの基本技・グラフィックス活用集，オーム社.
- 金 明哲編，中村永友著(2010)．多次元データ解析法，Rで学ぶデータサイエンス2，共立出版.
- Crawley, M. J. 著，野間口謙太郎，菊池泰樹訳(2008)．統計学：Rを用いた入門書，共立出版.

15章

解答

第 2 章

練習問題2.1　(1)　$\frac{1}{3}$，(2)　$\frac{4}{5}$，(3)　$\frac{1}{3}$

練習問題2.4　(1)　$\frac{4}{13}$，(2)　$\frac{7}{13}$，(3)　$\frac{6}{19}$

練習問題2.5　25 %

第 3 章

練習問題3.1　$-\frac{8}{5}$

練習問題3.3　平均：$\frac{2}{3}$，分散：$\frac{1}{18}$

第 4 章

練習問題4.1　(1)　$\frac{48}{3125}$，(2)　$\frac{243}{1024}$

練習問題4.3　(1)　$\frac{216}{625}$，(2)　$\frac{14256}{16807}$

練習問題4.5　$\frac{144}{3125}$

練習問題4.8　(1)　8，(2)　$41e^{-8}$

第 5 章

練習問題5.2　$e^{-\frac{1}{4}}-e^{-\frac{5}{4}}$

練習問題5.4　(1)　0.9267692，(2)　0.3449339

第 10 章

練習問題10.1　$\hat{\lambda}=\frac{n}{x_1+\cdots+x_n}$

第 13 章

練習問題13.2　あると言える。

索引

INDEX

あ

か

さ

た

な

は

ま

や

ら

●本書の関連データが web サイトからダウンロードできます。
https://www.jikkyo.co.jp/download/ で
「事例でわかる統計シリーズ　理工系のための統計入門」を検索してください。
提供データ：演習問題の解答及び練習問題の詳解

■監修

景山三平（かげやまさんぺい）　広島大学名誉教授
元広島工業大学教授
元東京理科大学客員教授

■編修

鎌倉稔成（かまくらとしなり）　中央大学教授

竹田裕一（たけだゆういち）　神奈川工科大学准教授

神保雅一（じんぼうまさかず）　中部大学教授

●表紙・本文基本デザイン――難波邦夫
●データ作成――(株)四国写研

事例でわかる統計シリーズ
理工系のための統計入門

2016年10月20日　初版第 1 刷発行
2023年 3 月10日　　　　第 3 刷発行

●執筆者　鎌倉稔成（他 2 名別記）
●発行者　小田良次
●印刷所　大日本法令印刷株式会社

●発行所　実教出版株式会社
〒102-8377
東京都千代田区五番町 5 番地
電話［営　　業］(03)3238-7765
　　［企画開発］(03)3238-7751
　　［総　　務］(03)3238-7700
https://www.jikkyo.co.jp/

ISBN 978-4-407-33724-2　C3041　　Printed in Japan